复古连衣裙的裁缝课堂

（日）篠原友惠　著

陈新平　张艳辉　译

化学工业出版社

北京

THE ONEPIECE TOMOE SHINOHARA NO SEWING BOOK by Tomoe Shinohara Copyright ©
Tomoe Shinohara,2015 All rights reserved.

Publisher of Japanese edition:Sunao Onuma

Simplified Chinese translation copyright © 2020 by Chemical Industry Press

This Simplified Chinese edition published by arrangement with EDUCATIONAL FOUNDATION BUNKA
GAKUEN BUNKA PUBLISHING BUREAU, Tokyo, through HonnoKizuna, Inc., Tokyo, and Shinwon
Agency Co. Beijing Representative Office, Beijing

本书中文简体字版由学校法人文化学园文化出版局授权化学工业出版社独家出版发行。

本版本仅限在中国内地(不包括中国台湾地区和香港、澳门特别行政区)销售，不得销往中国以外的其
他地区。未经许可，不得以任何方式复制或抄袭本书的任何部分，违者必究。

北京市版权局著作权合同登记号：01-2017-4299

图书在版编目（CIP）数据

复古连衣裙的裁缝课堂／（日）篠原友惠著；陈新平，张艳辉
译. —北京：化学工业出版社，2020.7
ISBN 978-7-122-36812-6

I. ①复… II. ①篠… ②陈… ③张… III. ①连衣裙-服装设计
②连衣裙-服装缝制 IV. ①TS941．717

中国版本图书馆CIP数据核字(2020)第079150号

责任编辑：高　雅　　　　　　　　　　　　　　　装帧设计：王秋萍
责任校对：李雨晴

出版发行：化学工业出版社（北京市东城区青年湖南街 13 号　邮政编码 100011）
印　　装：北京新华印刷有限公司
787mm×1092mm　1/16　印张6　插页4　字数320千字　2021 年 1 月北京第 1 版第 1 次印刷

购书咨询：010-64518888　　　　　　　　　　售后服务：010-64518899
网　　址：http://www.cip.com.cn
凡购买本书，如有缺损质量问题，本社销售中心负责调换。

定　价：79.80元　　　　　　　　　　　　　　　　版权所有　违者必究

欢迎来到篠原友惠的缝纫世界！

本书就是一本帮助缝纫初学者和爱好者了解缝纫的篠原流派教科书。

书中包含各种常见的连衣裙设计，一定有你喜欢的型式。试着自己缝制衣服，还能发现更适合自己的款式、布料，了解自己的体型。

我一直相信："女性天生就带着热爱缝纫的基因。"

我的缝纫启蒙大概在8岁。母亲做了荷包送给我，带给我从未有过的新鲜感，从那以后"手工制作的乐趣"开始在我懵懂的内心中扎根。而且，祖母是缝制成衣的师傅，或许因为传承了她的基因，我自己也喜欢上了缝纫。

缝纫是一件需要花费大量时间的事情，但完成作品后，却能收获超过付出的喜悦感。而且，我的作品会一直保留其实体形态。当然，也会有意想不到的失败作品，简直想立刻丢掉。不过，飞针走线的过程也是令我魂牵梦绕的瞬间。

缝纫如魔法。请初学者们认真阅读教程，循序渐进地学习制作。对于缝纫爱好者们来说，可以参考、灵活运用我的设计思路。大家亲手制作，一起用心体会缝纫的乐趣吧！

篠原友惠

目录

SODA BLUE
DRESS
苏打蓝连衣裙

SCALLOPED LACE
DRESS
扇形花边连衣裙

SUNSET
DRESS
落日连衣裙

TSUBAKI
DRESS
和风连衣裙

50's Stripe Dress
50年代条纹连衣裙
p.18

Liberty Print Dress
碎花印染连衣裙
p.20

Denim Dress
牛仔连衣裙
p.22

Gingham Check Dress
格纹连衣裙
p.24

Tricolore Lace Dress

三色蕾丝连衣裙

使用喜欢的三色布料，制作法国少女风的连衣裙。
颈部外露的四方领设计。
再用同样布料，在鞋子或帽子上制作蝴蝶结。

p.58, 59

SILK EMBROIDERY DRESS

丝绸绣花连衣裙

简单设计的版型，采用极具吸引力的奢华绣花印度丝绸布料最适合。
再用这精美的布料制作成发带或鞋子装饰。

p.62, 84, 85

TARTAN CHECK DRESS

苏格兰风格连衣裙

腰围拼接的独特构思，实现了套装效果的连衣裙
配套的晚装包和花结也能用作装饰其他衣服

p.60, 82, 85

CLASSICAL DRESS

复古连衣裙

使用深色的高档真丝布料制作，很适合特殊日子穿着的复古连衣裙。
搭配大颗粒的棉花珍珠项链，展现成熟迷人的设计风格。

p.42, 81

SODA BLUE DRESS

苏打蓝连衣裙

夏季外出连衣裙，使用蓝色的亚麻布更显清凉。
为了双层的喇叭口袖能够形成优美的垂边，选择了轻薄的布料。
胸口的褶边延伸至背部。

p.66, 83

Scalloped Lace Dress

扇形花边连衣裙

朴素的扇形花边连衣裙，
充满少女气息的设计，搭配相得益彰的饰品，更显青春。

p.68

SUNSET DRESS

落日连衣裙

使用温润如落日的布料，充满氛围感的连衣裙。
腰围至下摆的分层如同太阳的轨迹。
搭配手工制作的羽毛服饰，营造出时尚女孩的冲击感。

p.70,71

TSUBAKI DRESS

和风连衣裙

非常喜欢的和风连衣裙！
乡土气息的花纹，通过袖子的喇叭口及腰围蝴蝶结增添复古和华丽感。
衣片也是交叠合身的和风设计。

p.63

50's Stripe Dress

50 年代条纹连衣裙

郁金香袖、衬衣领和丰富缩褶构成的连衣裙，令人不禁翩翩起舞。
用剩余布头制作粗大的头带和背部的蝴蝶结，还有鞋子的花饰。

p.72, 75, 84

LIBERTY PRINT DRESS

碎花印染连衣裙

仿佛置身花海，电影情节般浪漫的氛围，
合适的裙长搭配纤细的腰带，
怀旧风洋溢。

p.74

DENIM DRESS

牛仔连衣裙

成熟风的牛仔连衣裙，大胆采用超短设计。
鲜艳的红色腰带搭配领角及袖头的红色边饰，相互映衬。
红唇和红色指甲，性感迷人。

p.80, 82

GINGHAM CHECK DRESS

格纹连衣裙

大中小的不同格纹组合而成，打造出俏皮感的装扮效果。
使用拼布风的布料制作，也会很漂亮。
一边想象，一边完成创意的设计。

p.78

HOW A DESIGN IS BORN

灵感起源之处

♥ 我爱"日暮里"

一有时间，就会去我最喜欢的街"日暮里"。延伸至车站的林荫步道，排列着布料店、纽扣店、配件店等，一天都逛不完。连衣裙制作的第一步，围绕着三家店铺。

{ 番茄 }

日暮里布料街中标志性的"番茄"馆。中学时代看到杂志的专辑介绍，从那以后经常来这里。五层楼的宽阔空间，价格便宜且种类繁多的布料四处都是。

还找到了和风布料，仔细检查看看。

发现了亮片饰物！可以制作配饰。

店铺信息
东京都荒川区东日暮里6-44-6
http://www.nippori-tomato.com
周日及节假日休息

{ 熊谷商事 }

所选纽扣需要
配对布料

"番茄"斜对过就是"熊谷商事",商品种类丰富且价格便宜,是一间受欢迎的纽扣店铺。在这里经常见到拿着半成品的衣服,认真比对选择纽扣的人们,能遇到很多志同道合的朋友。

店铺信息
东京都荒川区东日暮里5-32-10
http://www.kumagaishoji.com
周日及节假日休息

超大纽扣可以
试着做成耳环

{ L.musee 日暮里店 }

能选到各种精美纽扣的店铺。除了欧洲的复古纽扣或现代纽扣,还有羊角扣、手袋拎手用纽扣等。为碎花连衣裙准备的系腰带用羊角扣,正是从这里购得。

店铺信息
东京都荒川区东日暮里5-34-1
http://www.l-musee.com
周日休息

篠原流派 ★ 的缝纫乐趣

画草图

去手工店之前,先画出连衣裙的草图。以试穿的心态画出草图,应该能够发现喜欢的颜色、合适的裙长及剪裁。使用这个方法,即使对布料选择或细节等犹豫不定,草图也能给我们提示,必将完成理想的作品。

随着各种新想法的涌现,还可以丰富文字说明及草图。加上布料及纽扣比对,能够形成更具体的思路。对我来说,草图伴我的整个制作过程。

篠原流派·在手工店里的挑选秘诀

如果附近有手工店，就能体会到更多的缝纫乐趣。学生时代经常去"OKADAYA"（手工店），那么就以这家店为场景，介绍我如何挑选手工材料和工具。

材料协助：OKADAYA新宿本店　http://www.okadaya.co.jp/shinjuku/

Q 需要带些什么去手工店？

A 首先，因为需要购买很多东西，大购物袋必不可少。还有有关布宽和尺码等草图笔记等也不要忘记。此外，如果有设计图当然更好。在布料的海洋中，有灵感乍现，也有失之交臂。屏住呼吸，用心思考自己的真正所需。

Q 如何发现所需布料？

> 合适吗？

A 滚轴状的布料，难以想象成衣后的姿态。发现喜欢的布料，以试穿的心情，站在镜子前比对。

Q 找到了喜欢的布料，接下来该怎么办？

> 成衣长度大概这么多。

> 3m就够了。

> 1、2、3…

> 谢谢！

> 请您到收银台结账吧。

A 在裁剪台上告诉店员自己需要的长度，请店员裁剪。

Q 黏合衬不好选…

这个厚度
比较合适！

搭配贴边
使用！

精心制作的作品，
干脆选择红色
黏合衬吧！

A 适合连衣裙的黏合衬参照p.40的介绍。或者告诉店员自己的想法，互相讨论以获得有效的建议。

Q 线色颜色如何选择？

就用60号
红色车缝线！

A 试着对照实际使用的布料和线样本，找到合适的颜色。如果是花纹布，最好对照份量多的颜色，选择偏暗的颜色，不过鲜艳的颜色也能凸显针脚的装饰效果。

Q 除了布料以外，
还需要买什么？

描印纸
必不可少。

I'M READY !

连衣裙的制作准备完成！

A 材料或工具不够，及时准备。即便不是随时就用，随便逛逛丝带、纽扣的商店，也能增添创作灵感。

ABOUT TOOLS
工具

{ 需要准备的工具 }

介绍缝制连衣裙所需的各种工具。
聚齐方便的工具，开始愉快的手工缝纫。

裁布剪和锥子心不可少，一定要认真选择使用方便的。

绘图纸
描印实物等大纸型时使用的薄纸。无折痕的滚轴型，更容易描线。

方孔直尺
透明的方孔直尺，能在布料上方确认刻度，方便画出平行线。柔软易折弯，也能量取曲线。建议选用方便画长直线的50cm类型。

卷尺
用于量身或量取较长尺寸或弧线的布料。

裁布剪
裁剪布料专用剪刀。不是很锋利，无法用于剪纸等。

线头剪
除了剪线头，还能用于短小部分的布料裁剪。

珠针
用于预固定布料或纸型。不建议选用头部过大的。

锥子
有助于松开针脚、车缝时压住布料、调整形状等精细作业。

拆线刀
遇到剪刀难以拆除的针脚或纽扣线头，有了它就方便多了。使用时，长端插入线下。

滚刀
使用描印纸描印于布料时的必备工具。小齿轮能够划出虚线状的标记。

双面描印纸
对称描印纸型时，夹在两片布料中使用，两面带有墨的纸。

纸镇
描印纸型或裁剪布料时，避免错位的压重物，至少需要2个。

手缝针
手缝、缭缝时不可或缺的工具。

手缝线
正式缝合前，手缝（预缝合）时使用的线。用手就能轻易弄断。

{ 机缝线和机缝针 }

为缝合整齐，选择适合布料的线和针是关键。
如果没有选择合适的线和针，可能会导致线绽开或针脚松开。

机缝线
建议使用短纤维线（涤纶线）。本
书中的作品使用60号机缝线。

机缝针
本书中的作品均使用11号针（普
通布料用）。这种针可缝合棉、
麻、丝绸等大多数布料。

篠原流派 ★ 缝纫的快乐

爱用缝纫工具大公开

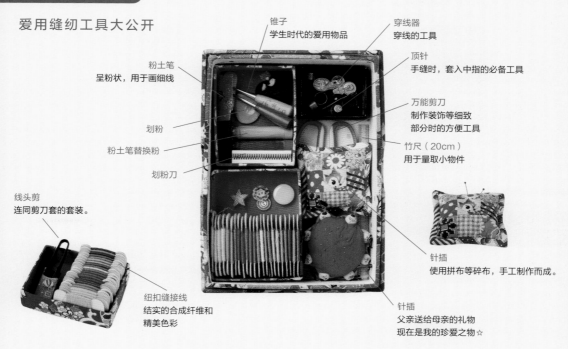

锥子
学生时代的爱用物品

穿线器
穿线的工具

粉土笔
呈粉状，用于画细线

顶针
手缝时，套入中指的必备工具

划粉

万能剪刀
制作装饰等细致
部分时的方便工具

粉土笔替换粉

竹尺（20cm）
用于量取小物件

划粉刀

线头剪
连同剪刀套的套装。

针插
使用拼布等碎布，手工制作而成。

纽扣缝接线
结实的合成纤维和
精美色彩

针插
父亲送给母亲的礼物
现在是我的珍爱之物☆

缝纫盒的华丽布料花纹引人注目，隔断用的小盒、线头剪套等一应俱全。方便携带，且容易整理。打开盖子使用，还方便放些线头或碎布。

在工具上写上自己的名字，外出参加手工活动时方便区分。裁布剪和镊子、顶针是同样热爱缝纫的母亲留给我的。锥子和划粉等大多是学生时代爱用的物品。这些缝纫工具真是不可思议，越用越顺手。

ABOUT FABRIC
布料

{ 本书中使用的布料 }

掌握布料的特性，描绘连衣裙的成品效果图。
选择布料也很开心！

印染布

印染布料的总称，仅正面印染，反面纯色。

青年布

经纱和纬纱为不同颜色的平织棉布，如霜降般效果，常用于制作衬衣。

印染格纹布

已染色的棉线织制的格纹布料，正反面为相同格纹。

牛仔布

蓝染的经纱和未染色的纬纱交织而成的布料，本书使用了比较薄的6盎司品类。

绣花布

棉布、印染布料等各种经过刺绣处理的布料。

山东丝绸布

和服布料般的平织丝绸布，具有光泽感和弹性，质感高级。

刺绣扇形花边棉布

棉布的布边加上刺绣加工，裁剪成扇形花边的布料。扇形花边作为下摆时，布料横向裁剪。

彩色亚麻布

亚麻印染布料，有弹性，吸水性好。

{ 布料的基础知识 }

制作连衣裙最重要的材料"布料"。
需要掌握其基本构造和特性。

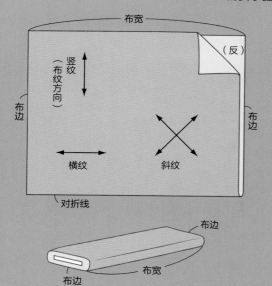

布纹
布料的经纱和纬纱的织纹。

竖纹=布纹方向
布料的经纱方向，与布边平行。不易拉伸，原则上纸型的布纹线
（←→）对齐经纱。

横纹
布料的纬纱方向，与布边垂直，比竖纹更易拉伸。

斜纹
与布纹呈45°角。拉伸强，制作成带状（斜裁布带），用作镶边等。

布宽
布料的布边之间的距离。布料所需量因布宽而不同，购买时请确认。

布边
布料两端不绽线部分。

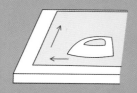

{ 缝制前的准备 }

现在的布料大多数不易变形，且无需过水。
但是，熨烫定型必不可少。

熨烫
为了消除褶皱，需要熨烫。此时，布边与熨烫台
平行放上布料，边角对齐，拉伸调整布纹。

熨烫定型后，
成品效果更好！

对齐布纹

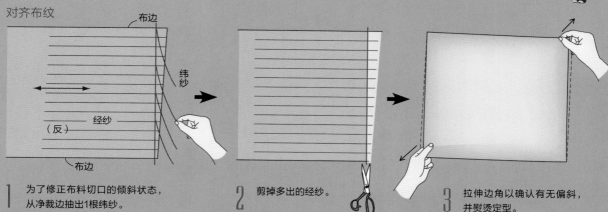

1 为了修正布料切口的倾斜状态，
从净裁边抽出1根纬纱。

2 剪掉多出的经纱。

3 拉伸边角以确认有无偏斜，
并熨烫定型。

ABOUT MEASUREMENT

量取尺寸和尺码修改

{ 掌握自己的尺码 }

本书中，附带4种尺码（S、M、L、LL）的实物等大纸型。
连同下装一起量取净尺寸，以掌握自己的尺码。

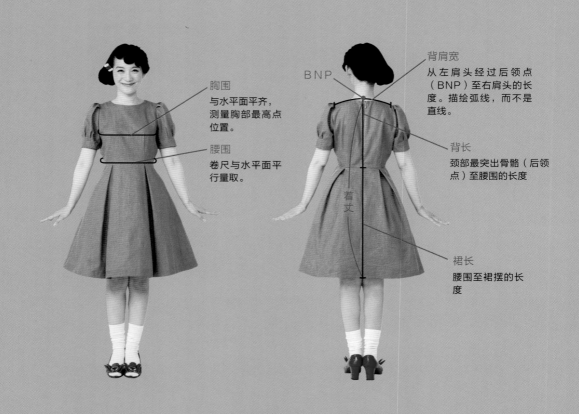

胸围
与水平面平齐，
测量胸部最高点
位置。

腰围
卷尺与水平面平
行量取。

背肩宽
从左肩头经过后领点
（BNP）至右肩头的长
度。描绘弧线，而不是
直线。

BNP

背长
颈部最突出骨骼（后领
点）至腰围的长度

着丈

裙长
腰围至裙摆的长
度

净尺寸+余量=成品尺寸

[参考尺寸表]

单位：cm

	S（7号）	M（9号）	L（11号）	LL（13号）
身高	153	158	163	168
胸围	79	82	85	88
腰围	61	64	67	70

本书中连衣裙的成品尺寸以左侧的参考尺寸表（净
尺寸）为基础，并加上余量。实物等大纸型为4个尺
码，对照想要制作的连衣裙的成品尺寸表，选择最接近
的尺寸。此时，以胸围为基准选择，则方便修改尺码。

{ 修改尺码 }

从实物等大纸型中选择接近自己尺码的纸型，如有需要则局部修改。
此处，介绍初学者也能轻松掌握的尺码修改方法。

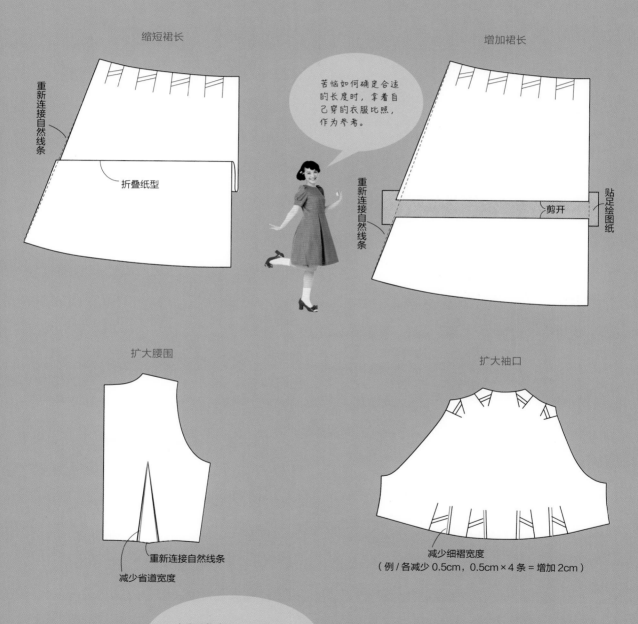

缩短裙长

重新连接自然线条

折叠纸型

增加裙长

苦恼如何确定合适的长度时，拿着自己穿的衣服比照，作为参考。

重新连接自然线条

剪开

贴定绘图纸

扩大腰围

重新连接自然线条

减少省道宽度

扩大袖口

减少细褶宽度
（例 / 各减少 0.5cm，0.5cm×4 条 = 增加 2cm）

均等调整前后衣片之后，不要忘了裙片的腰围也要调整为相同尺寸。

ABOUT PATTERN

实物等大纸型

{ 纸型的符号和名称 }

实物等大纸型中包含许多缝合所需信息。
理解各种含义及要求，制作完备的纸型。

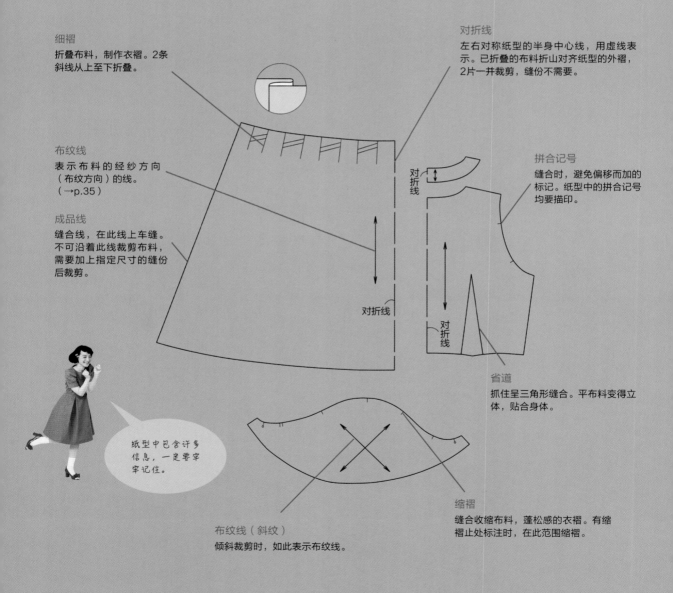

细褶
折叠布料，制作衣褶。2条
斜线从上至下折叠。

布纹线
表示布料的经纱方向
（布纹方向）的线。
（→p.35）

成品线
缝合线，在此线上车缝。
不可沿着此线裁剪布料，
需要加上指定尺寸的缝份
后裁剪。

纸型中包含许多
信息，一定要牢
牢记住。

对折线
左右对称纸型的半身中心线，用虚线表
示。已折叠的布料折山对齐纸型的外褶，
2片一并裁剪，缝份不需要。

对折线

拼合记号
缝合时，避免偏移而加的
标记。纸型中的拼合记号
均要描印。

对折线

省道
抓住呈三角形缝合。平布料变得立
体，贴合身体。

缩褶
缝合收缩布料，蓬松感的衣褶。有缩
褶止处标注时，在此范围缩褶。

布纹线（斜纹）
倾斜裁剪时，如此表示布纹线。

{ 制作带缝份纸型 }

附录的实物等大纸型中不含缝份，所以需要制作带缝份的纸型。
依照纸型裁剪，画出成品线，轻松缝制完成。

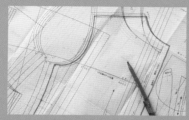

1 展开实物等大纸型，用荧光记号笔描印需要制作的连衣裙的各布件、尺寸。线相互交叠，需要仔细确认。制作2件以上时，用颜色区分。

2 绘图纸的粗糙面朝上，重合实物等大纸型，放上纸镇，用铅笔描绘。直线使用方孔直尺正确描绘。

3 领窝等弧线描绘虚线，徒手也能整齐描绘。

4 描绘拼合记号、布纹线、布件名称等。

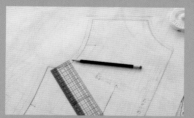

5 参照"裁剪示意图"，描绘缝份。直线用方孔直尺描绘，弧线用直尺的短边逐渐移动，描绘虚线即可。

6 沿着缝份线，裁剪绘图纸。

领窝或省道等弧线连接的边肩缝份像这样缝接

缝份加角度的方法

1 画出领窝的缝份之后，沿着肩部的成品线折纸。将通透可见的缝份描印至纸的背面。

2 展开纸，步骤1画出的线成为缝份。如果不这样画出成品状态的线，可能会导致缝份不足。

ABOUT CUTTING AND MARKING

裁剪和标记

{ 裁剪 }

参照连衣裙的[裁剪示意图]，将带缝份的纸型放在布料上。
按纸型裁剪布料。

纸型中"对折线"是指折入布料部分。此时，为了避免弄脏，基本上正面向内对折布料。但是，用双面描印纸标记，所以反面向内对折。

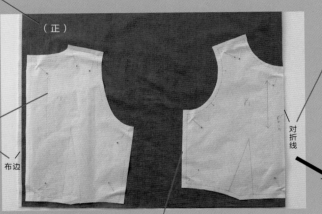

（正）

折入布料，布置对齐纸型的"对折线"。2片一并裁剪布料，可获得左右对称的布件。

布料的布边和纸型的布纹线保持平行，珠针固定于边角。如图片所示，倾斜固定珠针。

布边

对折线

裁剪完成，不要挪开纸型。

裁剪拼接时，布置有时会因尺寸而不同。放上所有纸型，确认全都包含在内后再裁剪。☆

垂直于布料，从底部开始剪。裁剪布料时，剪刀的下刀刃贴着桌面，保持稳定。

不移动布料，移动身体，从布料的正面送入剪刀。

小知识："对花纹"

条纹、大花纹等布料缝合时，裁剪时需要花纹对齐。这个操作就是"对花纹"。
制作方法页的"裁剪示意图"表示使用本书中连衣裙相同布料时的纸型布置。
用需要对花纹的布料制作时，应多准备些布料。

竖条纹

布置纸型时，使条纹中心靠近后中心、前中心。取"对折线"时，在条纹中心折入布料。本书中连衣裙均为腰围拼接，应注意对齐衣片和裙片的条纹。袖山的中心同样对齐条纹的中心。

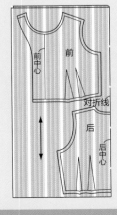

前中心
前
对折线
后
后中心

{ 标记 }

布料裁剪后，连同纸型一起标记。
用剪刀和描印纸加上的标记可成为缝合各布件时的指引。

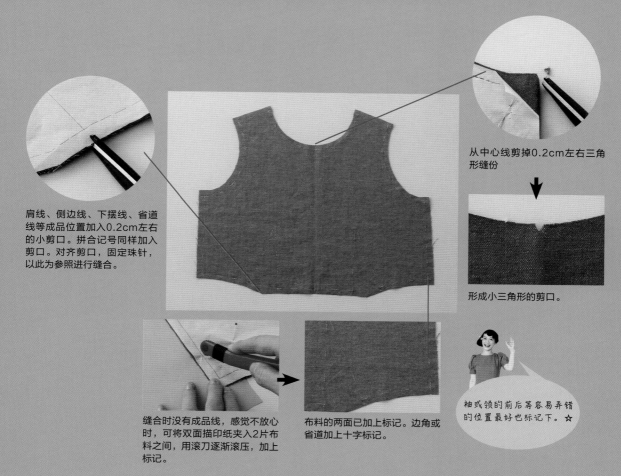

从中心线剪掉0.2cm左右三角形缝份

肩线、侧边线、下摆线、省道线等成品位置加入0.2cm左右的小剪口。拼合记号同样加入剪口。对齐剪口，固定珠针，以此为参照进行缝合。

形成小三角形的剪口。

缝合时没有成品线，感觉不放心时，可将双面描印纸夹入2片布料之间，用滚刀逐渐滚压，加上标记。

布料的两面已加上标记。边角或省道加上十字标记。

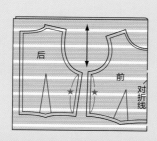

袖或领的前后等容易弄错的位置最好也标记下。☆

横条纹

在前后衣片、前后裙片等缝合的侧边（★）对齐花纹，布置纸型。
本书中的连衣裙均为腰围拼接，注意衣片和裙片的花纹衔接。

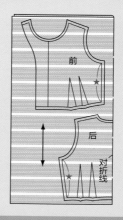

格纹布料布置纸型时，竖条纹和横条纹的位置都要考虑。

BEFORE SEWING

缝制前必读

{ 黏合衬 }

黏合衬是背面带有粘合剂的衬布。熨烫加热后，贴合于布料的背面。
适当增加布料的弹性，防止拉伸或变形。

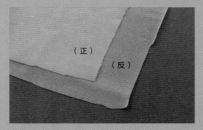

适合连衣裙的黏合衬？
在需要弹性的贴边或领等贴黏合衬。本书中的
连衣裙使用轻薄质地的黏合衬，适合弹性大
的、棉、麻、丝等各种薄或中等厚度的布料。

粗糙面是反面
（黏合衬）

黏合衬的裁剪方法

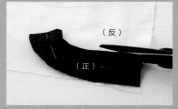

用已裁剪的布料替代纸型
将已裁剪的布料（需要贴黏合衬的布件）
重合于黏合衬上，按布料大小裁剪。

粗裁剪布料事先贴黏合衬
需要贴黏合衬的布件较小时，在粗裁剪
布料上贴合比布件稍大的黏合衬。

黏合衬的贴法

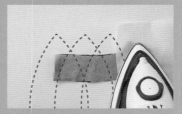

从衬纸（绘图纸等）上方压住，中温干燥
熨烫。滑动熨烫可能会导致布料不平整，
轻压10秒左右，缓慢移动位置加热。

{ 熨烫方法 }

缝制时，缝合前后熨烫各细小之处很重要。

除此之外，还能起
到摊开缝份、压实
缩褶等作用。

参考

压倒缝份或省道

加折痕

整理平整

{ 处理缝份 }

如果没有专门的锁边机器处理裁剪后的布料边缘，
可用家用缝纫机的锁边功能或在端部车缝，
缝合后，仔细熨烫处理。

锁边车缝

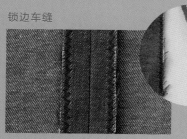

也有多留1cm缝份，锁边车缝后剪掉多余部分的方法

缝份边缘锁边车缝。正式缝合后，有时也2片一并车缝。

端部车缝

0.2
0.5

缝份多留0.5cm，熨烫折入布边，仅缝份车缝。

压倒缝份（单侧）

布料正面向内缝合，缝份2片一并锁边车缝，熨烫压向一侧。

摊开缝份

布料正面向内缝合，缝份熨烫摊开（从缝份中央展开）。

{ 珠针缭缝 }

缝制前做好准备工作，
这是保证成品效果的秘诀。

{ 回针缝 }

背面缝2~3针后，重合于相同位置缝合就是"回针缝"。需要养成在缝制始端和缝制末端回针的习惯。

回针缝

固定珠针

缝合2片布料时，用珠针固定以防布料错位。固定时，垂直于缝合线。

缭缝

难以缝合的位置，在正式缝合前缭缝，成品效果更整齐。沿着成品线稍外侧缝合，会更容易。

LET'S SEW YOUR DRESS

开始缝制连衣裙

使用p.8的"复古连衣裙"的纸型，
掌握连衣裙的缝制方法。

【材料】
布料[深蓝色山东丝绸布]…宽110cm
S · M：2.2m/L · LL：2.4m
黏合衬（领窝贴边）…宽90cm×20cm
拉链…56cm×1根
弹簧钩…1组
※为了容易识别布料的正反面，此处使用牛仔布。

成品尺寸表　　　　　　　　　单位：cm

	S	M	L	LL
胸围	89	92	95	98
腰围	67	70	73	76
背肩宽	31	32	33	34
背长	32.6	33	33.4	33.8
裙长	55	55.6	56.2	56.8

【裁剪示意图】

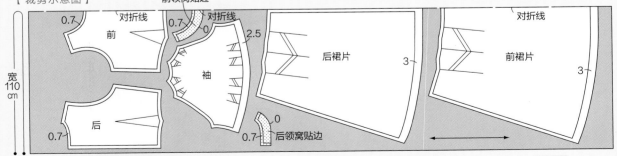

a-① 　实物等大纸型A面　　　　　　　　　　　　　*非指定位置的缝份均为1cm　　　　* ▨ 为贴黏合衬

42

**缝合衣片的
省道**

1 正面对合后
衣片的省道
线，用珠针
固定。

后（反）

回针缝

2 从省道较宽侧
（腰围侧）
开始向内侧车
缝。内侧不用
回针缝，线头
留约10cm。

3 剩余的线2根一起打结。锥子送入线
环中，压住省道的前端引出，则能在
边缘制作线结。

烫袖包
可从手工店购买，或者用
报纸卷成团，用棉布包住
作为替代品。

6 省道完成。前
衣片同样缝合
省道，朝着前
中心压倒。

4 线头穿针，潜入针脚中。潜入4~5针
后，剪掉多余的线。

5 朝向后中心压倒省道，熨烫。放在烫
袖包上（圆形的熨烫台），熨烫展开
针脚，整齐定型。

**缝合裙片的
细褶**

预固定 ☆ ★

前裙片（反）

对折线

7 正面对合裙片细褶的拼合记号，车缝
或缭缝预固定。

★ ☆ ★

8 摊开"对折线"部分，从细褶反面熨
烫，整体定型。

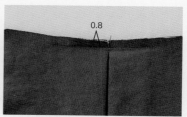

0.8

9 缝合固定缝份，避免细褶摊开。车缝
或缭缝均可，折山对齐。

缝合腰围

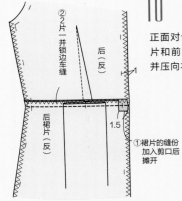

10 正面对合后衣片和后裙片，前衣片和前裙片，车缝。缝份2片一并压向衣片侧。

②2片一并锁边车缝

后（反）

①裙片的缝份加入剪口后摊开

后裙片（反）

1.5

缝合后中心

11 车缝后中心的拉链止处下方。拉链止处回针缝。

（反）

拉链止处

1

缝接拉链

12 粗针脚车缝拉链止处上方。之后需要解开，所以不需要回针缝。

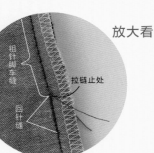

放大看

粗针脚车缝

拉链止处

回针缝

缲缝很重要！不可操之过急！

准确对齐后中心和腰围的缝合十字

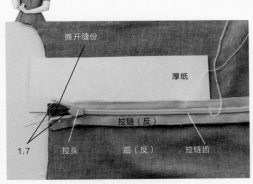

摊开缝份

厚纸

拉链（反）

后（反）

拉链齿

1.7

拉头

13 熨烫摊开后中心的缝份，拉链中心对齐后中心，用珠针固定，仅在拉链齿边缘的缝份侧缲缝。此时，在缝份下方夹入明信片等厚纸，更容易缝制。

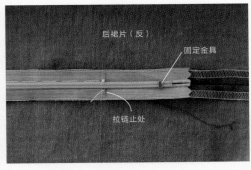

后裙片（反）

固定金具

拉链止处

14 使拉链的固定金具比拉链止处低。

15 解开粗针脚车缝线。

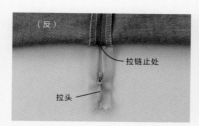

（反）

拉链止处

拉头

16 拉头移动至下方，从拉链止处的缝隙中穿入反面，移动至拉链止处下方。

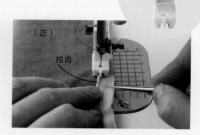

密封压块

（正）

拉齿

17 车缝压块替换成密封压块。展开缝份，掀开拉齿（拉链啮合部分），嵌入压块的槽中，针落于边缘。掀开拉齿，车缝边缘。

这里如果忘记将拉头向上移动，拉链则无法正常闭合！

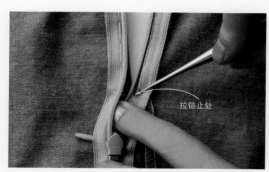

拉链止处

18 缝合至拉链止处，针脚隐藏于拉链齿（此处为了识图方便，打开拉链齿呈现出针脚）。

拉链止处

19 压块换回普通压块，缝合拉链布带和缝份的端部。

拉链止处

20 拉头从拉链止处的缝隙移动至上方。

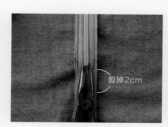

剪掉2cm

21 拉链的固定金具移动至拉链止处，用钳子夹紧固定。距离固定金具2cm位置，剪掉多余的拉链。

22 拉链完成。

缝合肩部

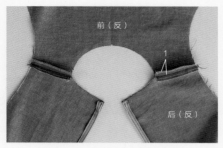

前（反）

后（反）

1

23 正面对合前后衣片的肩部，车缝。缝份熨烫摊开。

缝接贴边

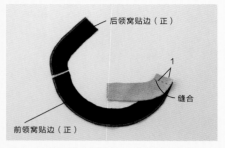

后领窝贴边（正）

1

缝合

前领窝贴边（正）

24 黏合衬贴合于贴边，外周锁边车缝。正面对合前后贴边，车缝肩部。缝份熨烫摊开。

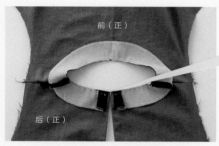

前（正）

后（正）

25 正面对合贴边和衣片，对齐拼合记号重合。翻折贴边的端部，缭缝于领窝。已缝接拉链的缝份折入贴边上方，用珠针固定。

放大看

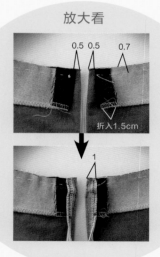

0.5 0.5 0.7

折入1.5cm

1

用剪刀顶端，避免剪断缝份！

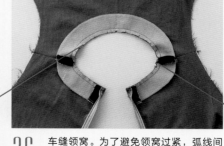

26 车缝领窝。为了避免领窝过紧，弧线间隔1cm加入剪口（宽度至针脚边缘）。肩部的缝份剪成三角形。重叠裁剪布料，成品整齐。

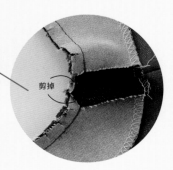

剪掉

使用熨斗头部，小心仔细熨烫，整齐翻折。

前（反）

27 缝份从针脚边缘折入衣片侧，熨烫定型。注意避免拉伸领窝。

28 贴边翻到正面，从边缘折入，熨烫定型。

29 已翻到正面。

30 缝份压向贴边侧，从正面将缝份车缝固定于贴边的领窝。注意避免贴边出现褶皱。从后中空出2~3cm缝合。

0.2

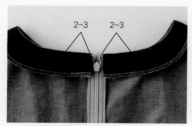

2~3   2~3

31 领窝明线车缝。

缝合侧边

32 正面对合前后衣片和前后裙片，车缝侧边。缝份熨烫摊开。

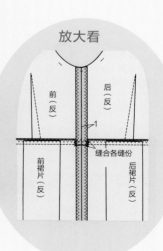

放大看

前（反）   后（反）

1

缝合各缝份

前裙片（反）   后裙片（反）

47

袖口的细褶
缝入内侧

缝合袖子

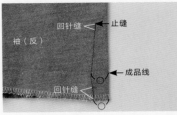

止缝
回针缝
袖（反）
成品线
回针缝

33 正面对合细褶的拼合标记，袖口的缝份保持相同宽度（○）。

（反）

34 同样方法，缝制4条细褶。细褶朝向内侧压倒，熨烫压实。

1

35
熨烫折入袖口的缝份，用珠针固定，正面对合袖下，车缝缝合。缝份摊开。

36 折叠袖山的细褶，在成品线稍外侧缭缝。

2.5

37 用1根车缝线，缭缝至袖口的里侧四周（→p.55）。

38
袖子完成。

缝接袖子

固定拼合记号之后，珠针之间再用珠针固定，则更整齐。

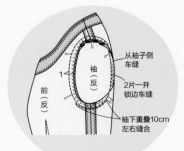

从袖子侧车缝
袖（反）
2片一并锁边车缝
1
前（反）
袖下重叠10cm左右缝合

袖（反）
前（反）

39
袖子送入衣片中，对齐袖窿的拼合记号，用珠针固定。

40
袖窿缭缝。袖子侧稍有余量，抚平细密缝合。

41 看向袖子侧，车缝整周。缝份2片一并锁边车缝，袖窿上半部分压向袖子侧。

整烫尺

厚度相当于明信片，且画
着1cm间隔的线，
使用方便。

缭缝裙摆

裙片（反）

3

繚缝裙摆前，
试穿一下！

42 熨烫上折裙摆的缝份。如果使用整烫
尺，能够轻松且整齐加入折痕。

43 用1根车缝线，缭缝至裙摆内侧
（→p.55）。

修整

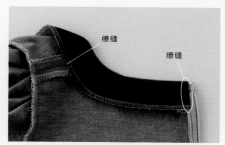

缭缝

缭缝

挂钩侧 布襻侧

44 缭缝贴边的肩部和后中心。

45 用2根车缝线，将弹簧钩缝接于贴边
（→p.55）。右后侧为挂钩，左后侧为
布襻。

FINISH!

连衣裙完成！

前　　　　　　　后

49

ONE POINT LESSON

关键教程

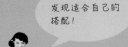
发现适合自己的搭配！

{ 袖子的种类 }

本书的连衣裙纸型中，所有袖窿的形状及袖子缝接方法均相同。
可以制作喜欢的袖子，自由组合搭配。

带袖头的袖子

试着在p.8的"复古连衣裙"的袖口侧缝接袖头。
也可改变袖头的布料，作为装饰。

放大看

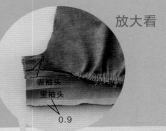
表袖头
里袖头
0.9

0.3 0.8

1 在袖口的缩褶位置双线缩褶车缝（粗针脚车缝）。分别比缩褶止处延长2~3cm缝合。不用回针缝。

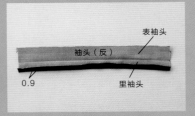
袖头（反）
表袖头
里袖头
0.9

2 袖头的反面贴黏合衬，中央和里袖头（穿着时的内侧）的缝份熨烫加入折痕。

袖（反）

3 袖子缩褶，与表袖头（穿着时的外侧）正面对合，车缝缝合。缝份压向袖头侧。

1

4 正面对合袖下，连续缝合至袖头。缝份摊开。

0.1

5 翻折里袖头，从表袖头侧车缝袖口。

6 折叠袖山的细褶，在成品线稍外侧缭缝（→p.48-36）。袖子完成。

喇叭口袖

肩部至袖口摊开，呈缓和波感的袖子。
薄布料可以重合成双层。

1 袖口和袖下锁边车缝，熨烫折入袖口的缝份。正面对合袖下，车缝缝合。缝份摊开。

2 袖口对折，车缝缝合。袖山的缩褶位置双线缩褶车缝（粗针脚车缝）。分别比缩褶止处延长2~3cm缝合。不用回针缝。

3 对照衣片的缝接尺寸，缩褶。袖子完成。

郁金香袖

2片袖山重叠缝合而成的花瓣形状的袖子。
前袖和后袖使用不同布料，设计出创意风格。

1 前袖和后袖的袖口分别锁边车缝，缝份熨烫折入。图片为后袖。

2 袖口对折车缝。图片为前袖。

3 对齐重合前袖和后袖的拼合记号，袖山的缩褶位置2片一并双线缩褶车缝（粗针脚车缝）。分别比缩褶止处延长2~3cm缝合。不用回针缝。

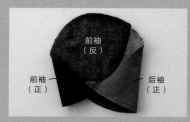

4 袖下对合为成品状态，车缝3次重叠的缝份。

5 对齐衣片的缝接尺寸，缩褶。袖子完成。

袖子整齐缝合，能提升成品的品质。利用熨斗，可制作出蓬松立体感。

51

{ 领窝的荷叶边 }

复古连衣裙的领窝缝接荷叶边时，
用斜裁布镶边。
还可将弧线整齐、不易绽线的斜裁布带
用于制作荷叶边或蝴蝶结，方便使用。

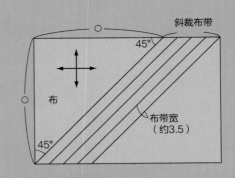

如果对齐布边，
展开时位置错开。

制作斜裁布带

0.5

1 参照右上图，倾斜裁剪布料。连接
布带时正面对合，错开两端的缝
份，一并缝合。

剪掉

剪掉

2 缝份熨烫摊开，剪掉多余的缝份。

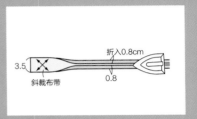

折入0.8cm

3.5

斜裁布带

0.8

3 熨烫加入折痕。

制作荷叶边

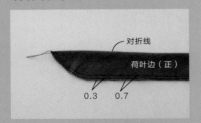

对折线

荷叶边（正）

0.3　0.7

4 荷叶边反面向内对折，裁剪端（裁
剪成圆形侧）2片一并双线缩褶车缝
（粗针脚车缝）。不用回针缝。

5 对齐领窝的缝接尺寸，缩褶。裁剪
成圆形侧的对称侧为弧线。

缝合贴边

黏衬嵌条

右前（正）

黏衬
嵌条

贴边（反）

6 贴边贴黏合衬，衣片的领窝贴黏衬
嵌条。前开襟和贴边正面对合车
缝，缝份压向衣片侧。

缝接荷叶边

0.7

右前（正）

7 贴边翻到正面，对齐荷叶边和领窝
的裁剪端，车缝预固定。

0.8

0.8

1

8 铺开斜裁布带，与衣片正面对合，
车缝布带的折山。

0.1

9 用布带包住缝份，步骤8的针脚盖
住0.1cm。布带前端沿着成品线折
入。缭缝，从正面缝纫。

{ 领子的缝接方法 }

前开襟的连衣裙的领子缝接方法通用。
领头的形状改造成方形的介绍参照p.77。

为了弧线左右对称，仔细缝合是关键。

制作圆领

表领（反）
0.7

1 黏合衬贴于表领，正面对合表领和里领，车缝外周。

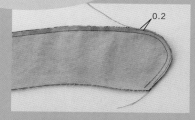

0.2

2 弧线的缝份缩褶车缝（粗针脚车缝）。

表领

3 收紧线，对齐弧线缩褶。缝份从步骤1的针脚边缘熨烫折入表领侧，压扁缩褶。

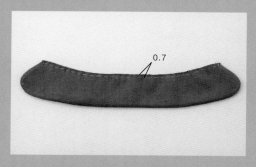

0.7

4 翻到正面，熨烫定型。裁剪端错开时，以错开状态摊平缭缝。有明线车缝要求时，此处从表领侧车缝外周。

缝接领子

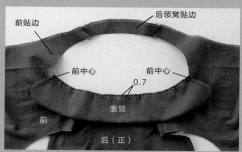

前贴边
后领窝贴边
前中心
前中心
0.7
表领
前
后（正）

5 正面对合衣片的肩部，车缝缝合，缝份摊开。对齐衣片的领窝和领的拼合记号，缭缝缝合。贴边的肩部同样缝合，缝份摊开。

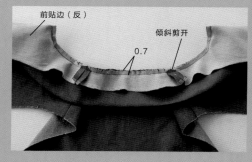

前贴边（反）
倾斜剪开
0.7

6 正面对合衣片和贴边，车缝领窝。为了领窝整齐，弧线侧间隔1cm加入剪口。肩部的缝份倾斜裁剪（→p.46-26）。

7 贴边翻到正面。领窝的衣片侧和贴边侧均熨烫定型。

{ 裙撑的缝制方法 }

想要裙子更有型，那么就制作裙撑吧。
有张力的涤纶裙子重合带缩褶的绢网，层次感丰富。
p.56

前
长裙撑

后
短裙撑

松紧带缝接于腰围的方法

（正）

1　对齐裙片的成品线，放上松紧带，对齐平记号车缝预固定。松紧带比布料短，所以浮起。

2　拉伸松紧带，从正面锁边车缝。

自信最重要

篠原流派 ★ 缝纫的乐趣

纽扣的故事

纽扣不仅用于制作衣服，也是很好的装饰物，平常见到中意的一定会买下。与过时不再穿的衣服告别时，也不忘拆下纽扣留用。在上一件衣服中完成了使命，又在另一件作品中焕发新生。
平常收集的纽扣按颜色、形状、材质等分类包装。金属纽扣、星形纽扣、大纽扣、彩色纽扣等，种类丰富。这样分类后，灵感来了可立刻取用，非常方便。

姓名标签

时装制作的最后一道工序就是缝接姓名标签。学生时代为了更多体验设计师的感觉，特别注重定制感而加上姓名标签，之后自己制作的衣服、手袋等也一定会缝上。网上能够找到很多制作标签的网店，不妨试一下创立自己品牌的感觉。

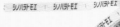

基础技巧

起针结

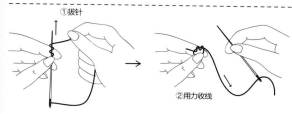

①拔针
②用力收线

为防止缝制始端的线松开而制作的线结。于针尖绕线2~3圈，拔针收紧线。

止针结

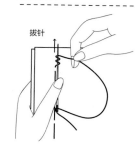

拔针

为防止缝制末端的线松开而制作的线结。于针尖绕线2~3圈，拔针收紧线。

普通缭缝

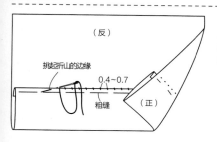

（反）

挑起折山的边缘
0.4~0.7
（正）
粗缝

折入布边，粗缝固定的方法。从折山送出针，挑起1~2根织线。

内侧缭缝

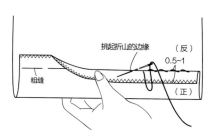

挑起折山的边缘
（反）
0.5~1
粗缝
（正）

卷起缝份，从折山边缘送出针，挑起1~2根织线。

纽扣的缝接方法

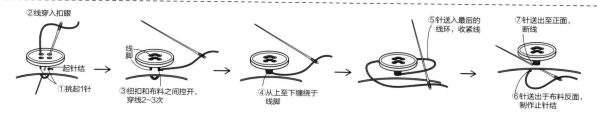

②线穿入扣眼
起针结
①挑起1针
线脚
③纽扣和布料之间控开，穿线2~3次
④从上至下缝绕于线脚
⑤针送入最后的线环，收紧线
⑥针送出于布料反面，制作止针结
⑦针送出至正面，断线

按扣的缝接方法

针穿入线环，收紧线制作起针结固定

最后制作止针结，在按扣下方收紧后断线

弹簧钩的缝接方法

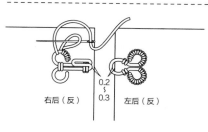

针穿入线环，收紧线制作起针结固定

右后（反）
0.2~0.3
左后（反）

线襻

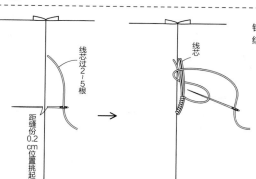

针穿入线环，水平收紧线制作起针结

线芯
线芯过2~5根
距缝份0.2cm位置挑起

d 三色蕾丝连衣裙

实物等大纸型A面

【材料】各尺码通用，指定位置除外

布料[硬斜纹布]…宽130cm（长裙撑）、80cm（短裙撑）70cm
[软绢网]…宽186cm×4.5m

松紧带…宽20mm×63cm（S）、66cm（M）、69cm
（L）、72cm（LL）

Z型环扣…内径20mm×1个

【制作方法】

准备

- 后中心、侧边、腰围、下摆锁边车缝。

1. 从后中心开衩缝合至裙摆，摊开缝份。对折缝合开衩。

2. 缝合侧边，摊开缝份。

3. 对折缝合裙摆。

4. 松紧带缝接于腰围（参照p.54）。

5. 缝接Z型环扣。

6. 缝合绢网的后中心，摊开缝份。缩褶，缝接于底座。

【裁剪示意图】

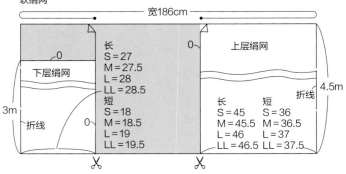

软绢网

宽186cm

长	
S = 27	
M = 27.5	
L = 28	
LL = 28.5	

下层绢网

上层绢网

短	
S = 18	
M = 18.5	
L = 19	
LL = 19.5	

4.5m

3m

折线

长	短
S = 45	S = 36
M = 45.5	M = 36.5
L = 46	L = 37
LL = 46.5	LL = 37.5

0

0

折线

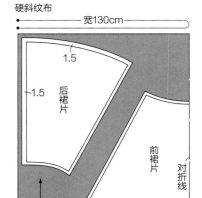

硬斜纹布

宽130cm

1.5

后裙片

1.5

前裙片

对折线

1.5

1.5

＊非指定位置的缝份均为1cm

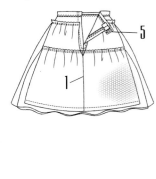

4

6

3

2

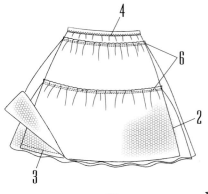

5

1

成品尺寸表   单位：cm

	S	M	L	LL
腰围	62	65	68	71
裙长（长）	46.8	47.4	48	48.6
裙长（短）	37.8	38.4	39	39.6

1

后裙片（反）

开衩止处

1

1.5

1.5

后裙片（反）

1

2.3

后裙片（反）

1

1.5

1

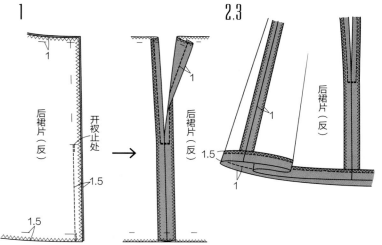

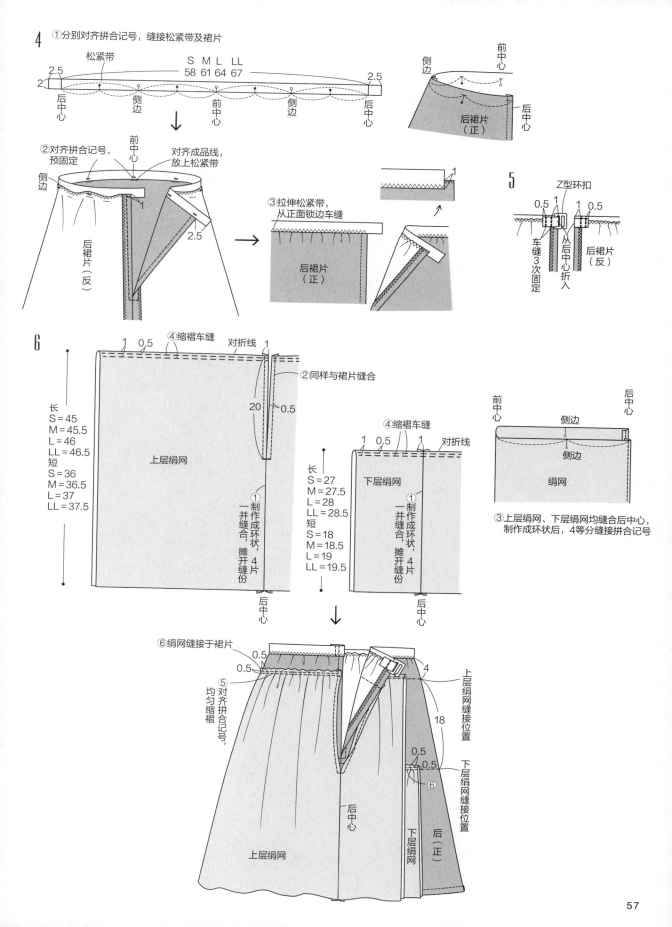

4 ①分别对齐拼合记号，缝接松紧带及裙片

松紧带
S M L LL
58 61 64 67
2.5
2
后中心
侧边
前中心
侧边
后中心
2.5

侧边
前中心
后裙片（正）
后中心

②对齐拼合记号，预固定
侧边
前中心
对齐成品线，放上松紧带
后裙片（反）
1
2.5

③拉伸松紧带，从正面锁边车缝
1
后裙片（正）

5
Z型环扣
0.5 1 1 0.5
车缝3次固定
从后中心折入
后裙片（反）

6
1 0.5 ④缩褶车缝 对折线 1
②同样与裙片缝合
20 0.5
长
S＝45
M＝45.5
L＝46
LL＝46.5
短
S＝36
M＝36.5
L＝37
LL＝37.5
上层绢网
①制作成环状，4片一并缝合，摊开缝份
后中心

④缩褶车缝
1 0.5 1 对折线
下层绢网
长
S＝27
M＝27.5
L＝28
LL＝28.5
短
S＝18
M＝18.5
L＝19
LL＝19.5
①制作成环状，4片一并缝合，摊开缝份
后中心

前中心 后中心
侧边
侧边
绢网
③上层绢网、下层绢网均缝合后中心，制作成环状后，4等分缝接拼合记号

⑥绢网缝接于裙片
0.5
0.5
⑤对齐拼合记号，均匀缩褶
4
上层绢网缝接位置
18
0.5 0.5
下层绢网缝接位置
⑥
后中心
上层绢网
下层绢网
后（正）

57

a・② 三色蕾丝连衣裙

实物等大纸型A面

【材料】各尺码通用，指定位置除外。
布料[棉蕾丝条纹布]…宽105cm×2.6m（S·M）、3.2m（L·LL）
黏合衬（领窝贴边）…宽90cm×20cm
拉链…56cm×1根
弹簧钩…1组

【制作方法】其他参考p.42"复古连衣裙"

准备
- 领窝贴边贴黏合衬。
- 衣片的肩部、侧边、后中心、袖口、袖下、领窝贴边外周、
  裙片后中心、侧边、裙摆锁边车缝。

1. 缝合前后衣片的腰围省道，缝份压向中心侧。
2. 折叠前后裙片的细褶，预固定缝份。
3. 分别缝合前后衣片和前后裙片的腰围。缝份2片一并锁边车缝，压
   向衣片侧。
4. 从后中心的拉链止处缝合至裙摆，摊开缝份。
5. 粗针脚车缝拉链位置，摊开缝份。接着，缝接拉链。
6. 缝合衣片的肩部，摊开缝份。
7. 缝合衣片的领窝和贴边，翻到正面。→参照图示
8. 缝合衣片和裙片的侧边，摊开缝份。
9. 制作袖子（细褶袖）。
10. 缝接袖子。缝份2片一并锁边车缝，袖隆上半部分压向袖子侧。
11. 对折裙摆，内侧缲缝。
12. 领窝贴边的后中心缲缝于拉链，贴边缲缝于衣片的肩部缝份。最
    后，弹簧钩缝接于后中心。

【裁剪示意图】

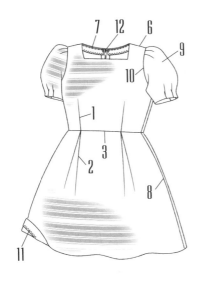

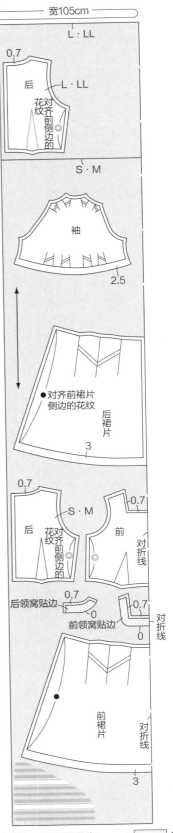

成品尺寸表				单位：cm
	S	M	L	LL
胸围	89	92	95	98
腰围	67	70	73	76
背肩宽	31	32	33	34
背长	32.6	33	33.4	33.8
裙长	46	46.6	47.2	47.8

＊非指定位置的缝份均为1cm　　＊ ▨ 贴黏合衬

7

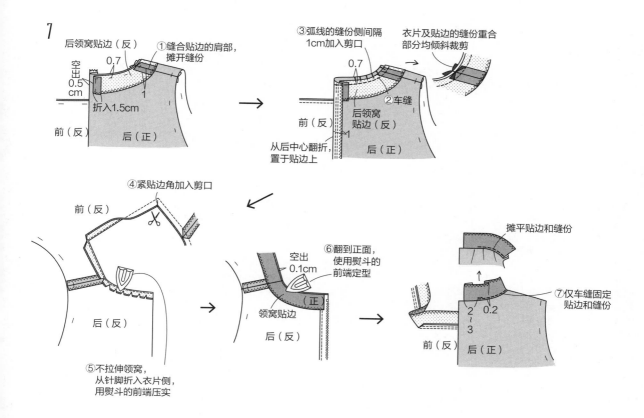

后领窝贴边（反）　①缝合贴边的肩部，摊开缝份
空出
0.5 cm　0.7　1
折入1.5cm
前（反）　后（正）

③弧线的缝份侧间隔1cm加入剪口　衣片及贴边的缝份重合部分均倾斜裁剪
0.7
②车缝
前（反）　后领窝贴边（反）　后（正）
从后中心翻折，置于贴边上

④紧贴边角加入剪口
前（反）
后（反）

⑤不拉伸领窝，从针脚折入衣片侧，用熨斗的前端压实

⑥翻到正面，使用熨斗的前端定型
空出0.1cm
（正）
领窝贴边
后（反）

摊平贴边和缝份
2　0.2
3
前（反）　后（正）
⑦仅车缝固定贴边和缝份

p.2
包扣鞋花
【无实物等大纸型】
【材料（1组用量）】
布料[棉蕾丝条纹布]：直径7cm×2片
纽扣：宽30mm×20cm×2颗
包扣·卡扣组：1组

【制作方法】
1. 制作包扣。
2. 折叠丝带，并订缝。
3. 丝带用胶水固定于包扣，缝接鞋花。

【裁剪方法图】

7　布2片

3
1
2

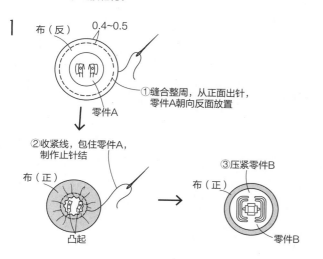

1
布（反）　0.4~0.5
①缝合整周，从正面出针，零件A朝向反面放置
零件A

②收紧线，包住零件A，制作止针结
布（正）
凸起

③压紧零件B
布（正）
零件B

2
2
丝带
0.5
重叠10层，整齐缝合固定

3　（后侧）
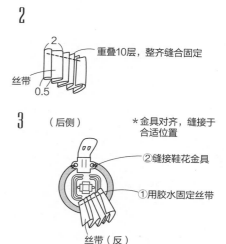
*金具对齐，缝接于合适位置
②缝接鞋花金具
①用胶水固定丝带
丝带（反）

a・④ 苏格兰风格连衣裙

【实物等大纸型A面】

【材料】各尺码通用
布料[黄色青年布]…宽120cm×80cm
　　　[印染格纹布]…宽112cm×2.7m
黏合衬（表领、领窝贴边、袖头）…宽90cm×40cm
拉链…56cm×1根
弹簧钩…1组

【制作方法】参照p.42的"复古连衣裙"，7、8、10除外。

准备
• 表领、领窝贴边、袖头贴黏合衬。
• 衣片的肩部、侧边、后中心、袖下、领窝贴边外周、裙片后中心、
　侧边、裙摆锁边车缝。
1. 缝合前后衣片的腰围省道，缝份压向中心侧。
2. 折叠前后裙片的细褶，预固定缝合。
3. 分别缝合前后衣片和前后裙片的腰围。缝份2片一并锁边车缝，压
　向衣片侧。
4. 从后中心的拉链止处缝合至裙摆，摊开缝份。
5. 粗针脚车缝拉链位置，摊开缝份。接着，缝接拉链。
6. 缝合衣片的肩部，摊开缝份。
7. 制作领子（参照p.53・1~4）。→参照图示
8. 缝接领子。→参照图示
9. 缝合衣片和裙片的侧边，摊开缝份。
10. 制作袖子（带袖头的袖子）（参照p.50）。→参照图示
11. 缝接袖子。缝份2片一并锁边车缝，袖隆上半部压向袖子侧。
12. 对折裙摆，内侧缲缝。
13. 领窝贴边的后中心缲缝于拉链，贴边缲缝于衣片的肩部缝份。最
　后，弹簧钩缝接于后中心。

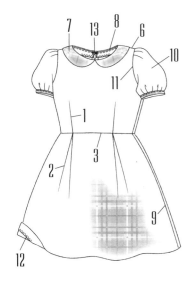

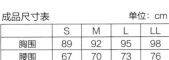

成品尺寸表　　　　　　　单位：cm

	S	M	L	LL
胸围	89	92	95	98
腰围	67	70	73	76
背肩宽	31	32	33	34
背长	32.6	33	33.4	33.8
裙长	46	46.6	47.2	47.8

【裁剪示意图】

印染格纹布

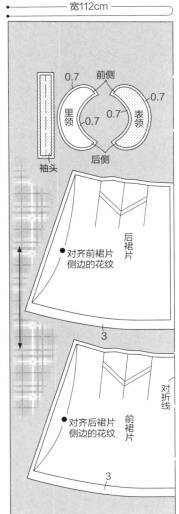

青年布

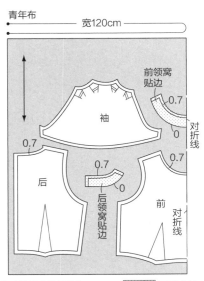

＊非指定位置的缝份均为1cm　　＊▨▨贴黏合衬

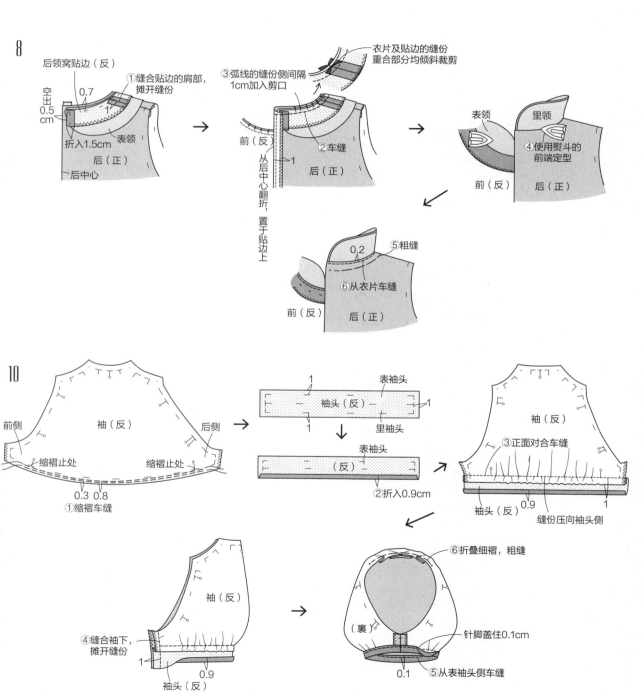

7

里领（反）　①正面对合车缝　④收紧线，定型弧线　⑥翻到正面，熨烫定型　⑦小间隔粗缝
③剪掉　　表领（反）
缝合成"L"字形　0.7　　　　0.7　　　⑤从针脚折入表领侧，熨烫压实　里领（正）　偏移时仍然摊平定型
③剪掉　　0.2　②抽袖或缩褶车缝　　表领（反）　表领（正）　表领（正）
＊制作2片

8

后领窝贴边（反）　①缝合贴边的肩部，摊开缝份　③弧线的缝份侧间隔1cm加入剪口　衣片及贴边的缝份重合部分均倾斜裁剪
空出出0.5cm　0.7　　1　　②车缝　　表领　里领
折入1.5cm　表领　后（正）　前（反）从后中心翻折，置于贴边上　后（正）　④使用熨斗的前端定型
后（正）　后中心　　　　1　　　前（反）　后（正）

0.2　⑤粗缝
⑥从衣片车缝
前（反）　后（正）

10

前侧　袖（反）　后侧　　　1　　表袖头　　　袖（反）
缩褶止处　缩褶止处　袖头（反）　里袖头　　③正面对合车缝
0.3　0.8　　　　表袖头　　　　0.9　　1
①缩褶车缝　　（反）②折入0.9cm　袖头（反）　缝份压向袖头侧

袖（反）　　　⑥折叠细褶，粗缝
④缝合袖下，摊开缝份　（裏）　针脚盖住0.1cm
1　0.9　　0.1　⑤从表袖头侧车缝
袖头（反）

61

a・③ 丝绸绣花连衣裙

实物等大纸型A・B面

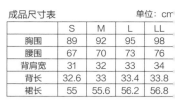

成品尺寸表				单位：cm
	S	M	L	LL
胸围	89	92	95	98
腰围	67	70	73	76
背肩宽	31	32	33	34
背长	32.6	33	33.4	33.8
裙长	55	55.6	56.2	56.8

【材料】各尺码通用

布料[蓝色山东丝绸布]…宽120cm×2.2m
黏合衬（领窝贴边）…宽90cm×20cm
拉链…56cm×1根
弹簧钩…1组

【制作方法】其他参考p.42"复古连衣裙"

准备

• 领窝贴边贴黏合衬。
• 衣片的肩部、侧边、后中心、袖口、领窝贴边外周、裙片后中心、侧边、裙摆锁边车缝。

1. 缝合前后衣片的腰围省道，缝份压向中心侧。
2. 折叠前后裙片的细褶，预固定缝份。
3. 分别缝合前后衣片和前后裙片的腰围。缝份2片一并锁边车缝，压向衣片侧。
4. 从后中心的拉链止处缝合至裙摆，摊开缝份。
5. 粗针脚车缝拉链位置，摊开缝份。接着，缝接拉链。
6. 缝合衣片的肩部，摊开缝份。
7. 缝合衣片的领窝和贴边，翻到正面。
8. 缝合衣片和裙片的侧边，摊开缝份。
9. 制作袖子（郁金香袖）（参照p.51）。→参照图示
10. 缝接袖子。缝份2片一并锁边车缝，袖隆上半部分压向袖子侧（参照p.74的图7）。
11. 对折裙摆，内侧缭缝。
12. 领窝贴边的后中心缭缝于拉链，贴边缭缝于衣片的肩部缝份。最后，弹簧钩缝接于后中心。

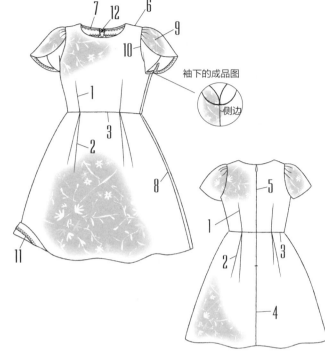

袖下的成品图

侧边

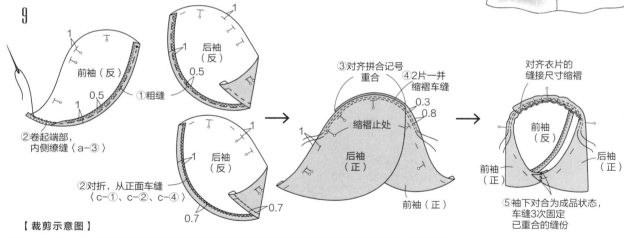

9

前袖（反）
0.5
0.5
①粗缝
②卷起端部，内侧缭缝〈a-③〉

后袖（反）
0.5
1
后袖（反）
1
②对折，从正面车缝〈c-①、c-②、c-④〉
0.7
0.7

③对齐拼合记号重合
④2片一并缩褶车缝
0.3
0.8
缩褶止处
后袖（正）
前袖（正）

对齐衣片的缝接尺寸缩褶
前袖（反）
前袖（正）
后袖（正）
后袖（正）
⑤袖下对合为成品状态，车缝3次固定已重合的缝份

【裁剪示意图】

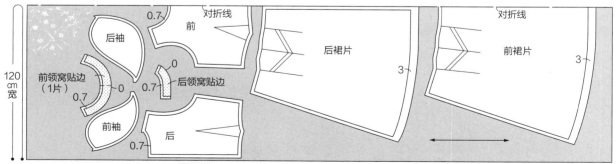

120cm宽

后袖
0.7
对折线
前
后裙片
前裙片
3
3
3

前领窝贴边（1片）
0
0.7
后领窝贴边
0.7
前袖
后
0.7

*非指定位置的缝份均为1cm　　*▨ 贴黏合衬

b·① 和风连衣裙

实物等大纸型A·B面

【材料】各尺码通用，指定位置除外
布料[棉麻印染布]…宽110cm×3.3m（S·M）、3.4m（L·LL）
黏合衬（领窝贴边、蝴蝶结）…宽90cm×70cm（S·M）、80cm
（L·LL）
黏衬嵌条（前领窝）…宽10mm×1.2m
按扣…直径8mm×4组

【制作方法】
准备
· 领窝贴边、蝴蝶结的一部分贴黏合衬，前衣片的领窝贴黏衬嵌条。
· 衣片的肩部、侧边、领窝贴边端部、袖下、袖口、裙片侧边、裙摆
  锁边车缝。
1. 缝合前后衣片的腰围省道，缝份压向中心侧（参照p.43·1至6）。
2. 缝合衣片的肩部，摊开缝份（参照p.46·23）。
3. 缝合衣片的领窝和贴边，翻到正面。→参照图示
4. 缝合衣片的侧边，摊开缝份（参照p.47·32）。
5. 制作袖子（喇叭口袖）（参照p.51）。→参照图示
6. 缝接袖子。缝份2片一并锁边车缝，袖窿上半部分压向袖子侧。参
   照图示
7. 折叠左前（上前）、后裙片的细褶，预固定缝份。→参照图示
8. 缝合裙片的侧边，摊开缝份。→参照图示
9. 对折裙摆缝合。→参照图示
10. 三折边缝合裙片的前开襟。→参照图示
11. 缝合衣片和裙片的腰围。缝份全部锁边并车缝，压向衣片侧。→参
    照图示
12. 领窝、前开襟、腰围明线车缝。→参照图示
13. 缝接按扣（参照p.55）。→参照图示
14. 蝴蝶结的线襻缝接于侧边（参照p.55）。→参照图示
15. 制作蝴蝶结。→参照图示

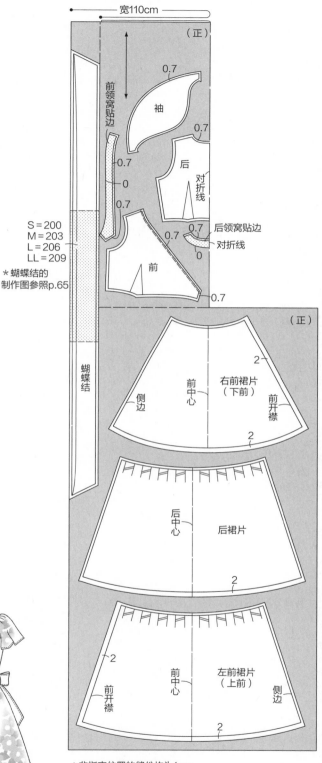

【裁剪示意图】

宽110cm

前领窝贴边
0.7
袖
0.7
后
对折线
0
0.7
后领窝贴边
0.7
0.7
对折线
前
0.7

S=200
M=203
L=206
LL=209

* 蝴蝶结的
制作图参照p.65

蝴蝶结

右前裙片
（下前）
前中心
侧边
前开襟
2
2

后中心
后裙片
2

左前裙片
（上前）
前中心
前开襟
侧边
2
2

* 非指定位置的缝份均为1cm
* ▨ 贴黏合衬·黏衬嵌条

成品尺寸表　　　单位：cm

	S	M	L	LL
胸围	89	92	95	98
腰围	65	68	71	74
背肩宽	31	32	33	34
背长	33.8	34.2	34.6	35
裙长	54.8	55.4	56	56.6

3

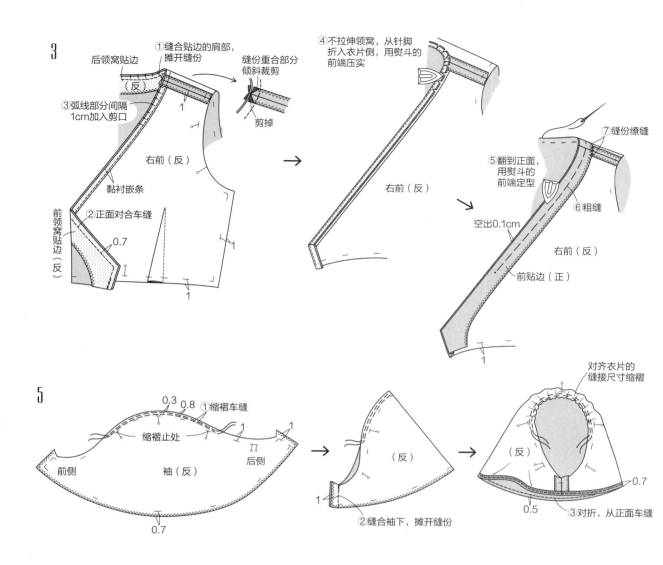

①缝合贴边的肩部，摊开缝份

后领窝贴边（反）

缝份重合部分倾斜裁剪

剪掉

③弧线部分间隔1cm加入剪口

右前（反）

黏衬嵌条

前领窝贴边（反）

②正面对合车缝

0.7

1

1

1

④不拉伸领窝，从针脚折入衣片侧，用熨斗的前端压实

右前（反）

⑦缝份缲缝

⑤翻到正面，用熨斗的前端定型

⑥粗缝

空出0.1cm

右前（反）

前贴边（正）

1

5

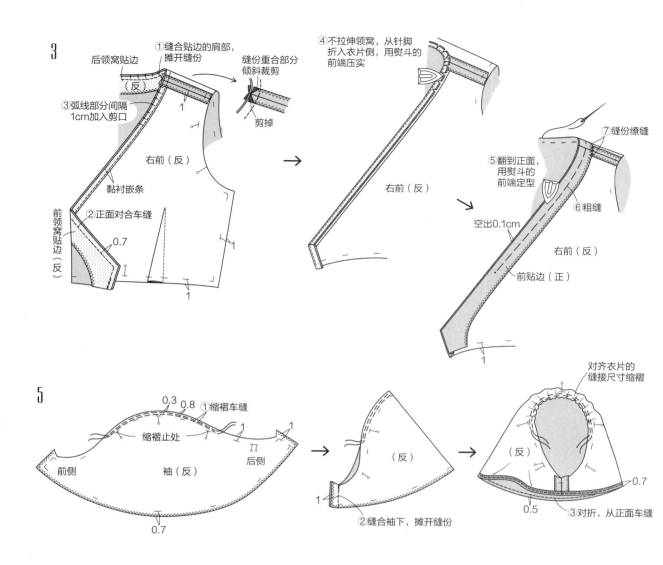

0.3 0.8 ①缩褶车缝

缩褶止处

前侧 袖（反） 后侧

1

0.7

（反）

1

②缝合袖下，摊开缝份

对齐衣片的缝接尺寸缩褶

（反）

0.7

0.5

③对折，从正面车缝

6

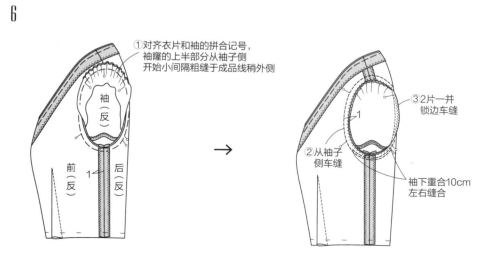

①对齐衣片和袖的拼合记号，袖窿的上半部分从袖子侧开始小间隔粗缝于成品线稍外侧

袖（反）

前（反） 后（反）

1

③2片一并锁边车缝

1

②从袖子侧车缝

袖下重合10cm左右缝合

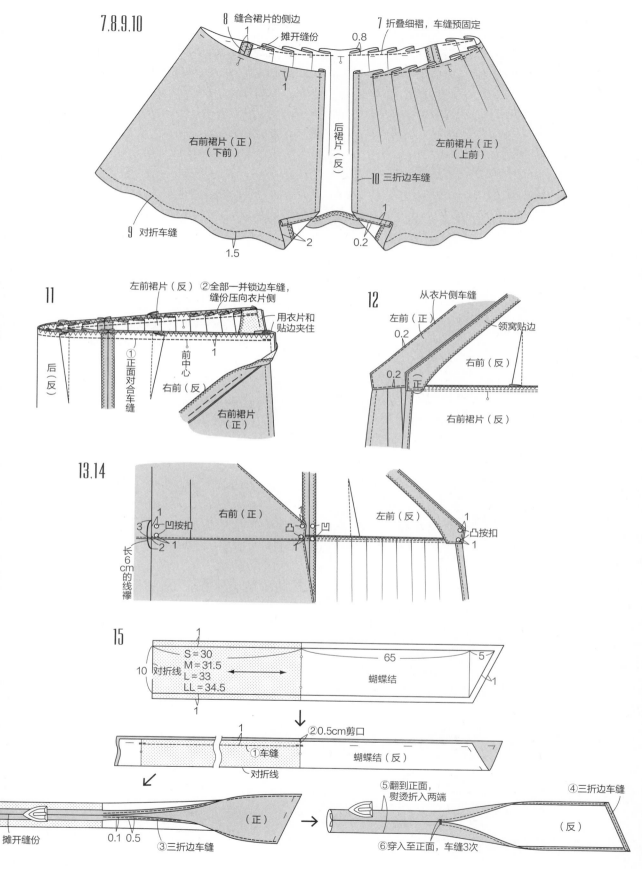

7.8.9.10

8 缝合裙片的侧边

1

摊开缝份

7 折叠细褶，车缝预固定

0.8

右前裙片（正）
（下前）

后裙片（反）

左前裙片（正）
（上前）

1

10 三折边车缝

9 对折车缝

1.5

2

0.2

1

11

左前裙片（反）　②全部一并锁边车缝，
缝份压向衣片侧

用衣片和贴边夹住

后（反）

①正面对合车缝

前中心

右前（反）

右前裙片（正）

12

从衣片侧车缝

左前（正）

0.2

领窝贴边

0.2

右前（反）

右前裙片（反）

13.14

右前（正）

1

凹按扣

3

长6cm的线襻

2 1

凸 凹

左前（反）

1

凸按扣

1

15

1

S = 30
M = 31.5
L = 33
LL = 34.5

10 对折线

65

5

蝴蝶结

1

1

1

②0.5cm剪口

①车缝

蝴蝶结（反）

对折线

摊开缝份

0.1 0.5

③三折边车缝

（正）

⑤翻到正面，
熨烫折入两端

④三折边车缝

⑥穿入至正面，车缝3次

（反）

b·② 苏打蓝连衣裙

实物等大纸型 A·B面

【材料】各尺码通用，指定位置除外

布料[水蓝色亚麻布]…宽120cm×3.5m

黏合衬（贴边、蝴蝶结）…宽90cm×70cm（S·M）、80cm（L·LL）

黏衬嵌条（前领窝）…宽15mm×60cm（宽度15mm的黏衬嵌条对半裁剪后使用）

按扣…直径8mm×4组

【制作方法】参照p.63"和风连衣裙"，3、5、12、☆除外

准备

• 贴边、蝴蝶结的一部分贴黏合衬，前衣片的领窝贴对半裁剪的黏衬嵌条。

• 衣片的肩部、侧边、贴边端部、袖下、袖口、裙片侧边、裙摆锁边车缝。

1. 缝合前后衣片的腰围省道，缝份压向中心侧（参照p.43·1~6）。

2. 缝合衣片的肩部，摊开缝份。

3. 荷叶边夹入衣片的领窝，用斜裁布带包住（参照p.52）。→参照图示

4. 缝合衣片的侧边，摊开缝份。

5. 制作袖子（2片喇叭口袖重合）。→参照图示

6. 缝接袖子。缝份2片一并锁边车缝，袖襱上半部分压向袖子侧。

7. 折叠左前（上前）、后裙片的细褶，预固定缝份。

8. 缝合裙片的侧边，摊开缝份。

9. 对折裙摆缝合。

10. 三折边缝合裙片的前开襟。

11. 缝合衣片和裙片的腰围。缝份全部锁边并车缝，压向衣片侧。

12. 前开襟、腰围明线车缝。→参照图示

13. 缝接按扣（参照p.55）。

14. 蝴蝶结的线襻缝接于侧边（参照p.55）。

15. 制作蝴蝶结。

成品尺寸表　　　　　　　　单位：cm

	S	M	L	LL
胸围	89	92	95	98
腰围	65	68	71	74
背肩宽	31	32	33	34
背长	33.8	34.2	34.6	35
裙长	54.8	55.4	56	56.6

【裁剪示意图】

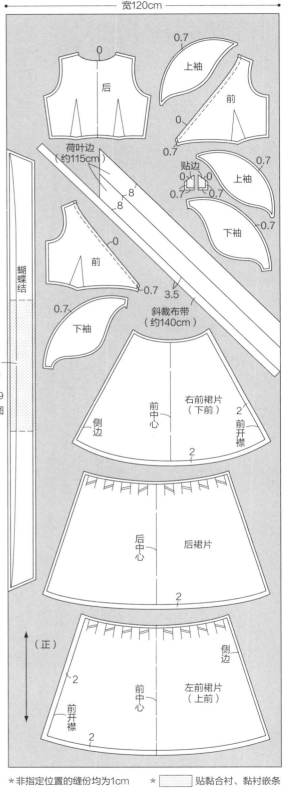

S＝200
M＝203
L＝206
LL＝209

＊蝴蝶结的制作图
参照p.65

＊非指定位置的缝份均为1cm　　＊ ▨ 贴黏合衬、黏衬嵌条

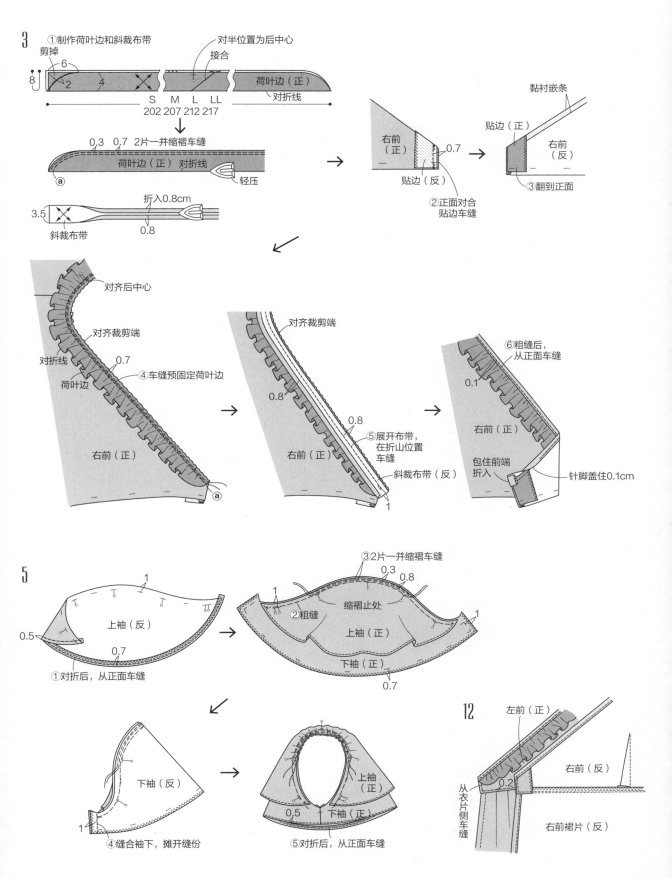

3

①制作荷叶边和斜裁布带

剪掉

6

8

2 4

对半位置为后中心
接合

S M L LL
202 207 212 217

荷叶边（正）
对折线

0.3 0.7 2片一并缩褶车缝
荷叶边（正） 对折线
ⓐ
轻压

3.5
斜裁布带

折入0.8cm
0.8

右前
（正）

0.7

②正面对合
贴边车缝

贴边（反）

黏衬嵌条

贴边（正）
右前
（反）

③翻到正面

对齐后中心

对齐裁剪端

对折线

0.7

荷叶边

④车缝预固定荷叶边

右前（正）

ⓐ

对齐裁剪端

0.8

0.8

右前（正）

⑤展开布带，
在折山位置
车缝

斜裁布带（反）

1

⑥粗缝后，
从正面车缝

0.1

右前（正）

包住前端
折入

针脚盖住0.1cm

5

1

上袖（反）

0.5

0.7

①对折后，从正面车缝

③2片一并缩褶车缝
0.3 0.8

1

②粗缝

缩褶止处

上袖（正）

下袖（正）

0.7

1

下袖（反）

1

④缝合袖下，摊开缝份

上袖
（正）

0.5 下袖（正）

⑤对折后，从正面车缝

12

左前（正）

右前（反）

0.2

从衣片侧车缝

右前裙片（反）

b·③ 扇形花边连衣裙

实物等大纸型A面

【材料】各尺码通用，指定位置除外
布料[刺绣扇形花边棉布]…宽104cm×4.7m（S·M）、4.9m（L·LL）
黏合衬（贴边、袖头、蝴蝶结）…宽90cm×40cm
按扣…直径8mm×4组

【制作方法】参照p.63"和风连衣裙"，**3**、**7**、**8**、☆除外
准备
• 贴边、袖头、蝴蝶结的一部分贴黏合衬。
• 衣片的肩部、侧边、贴边端部、袖下锁边车缝。

1. 缝合前后衣片的腰围省道，缝份压向中心侧（参照p.43·**1**~**6**）
2. 缝合衣片的肩部，摊开缝份。
3. 贴边缝接于前开襟。→参照图示
4. 缝合衣片的侧边，摊开缝份。
5. 制作袖子（带袖头的袖子）（☆p.50、p.61·图**10**）。
6. 缝接袖子。缝份2片一并锁边车缝，袖窿上半部分压向袖子侧（☆参照p.48·**39**~**41**）
7. 折叠前后裙片的细褶，预固定缝份。
8. 三折边缝合裙片的前开襟。→参照图示
9. 缝合衣片和裙片的腰围。缝份全部锁边并车缝，压向衣片侧。
10. 前开襟、腰围明线车缝。
11. 缝接按扣（参照p.55）。
12. 蝴蝶结的线襻缝接于侧边（☆参照p.55、p.71·图**13**）。
13. 在中央接合蝴蝶结，制作蝴蝶结。

【裁剪示意图】
＊非指定位置的缝份均为1cm
＊▨▨ 贴黏合衬

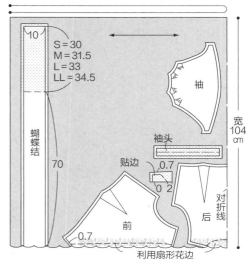

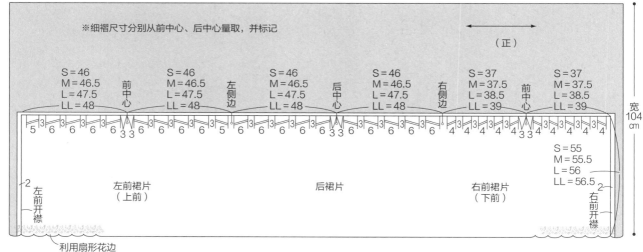

成品尺寸表　　　　单位：cm

	S	M	L	LL
胸围	89	92	95	98
腰围	65	68	71	74
背肩宽	31	32	33	34
背长	33.8	34.2	34.6	35
裙长	55	55.5	56	56.5

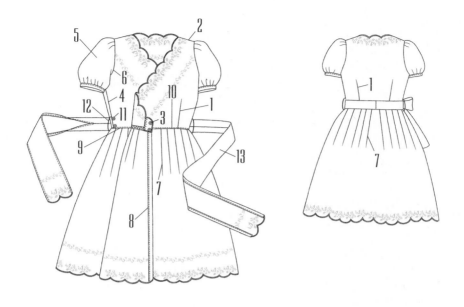

3

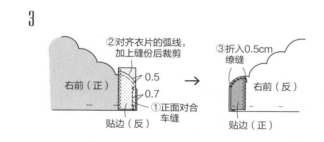

② 对齐衣片的弧线，
加上缝份后裁剪

③ 折入0.5cm
缭缝

右前（正）

0.5

0.7

① 正面对合
车缝

贴边（反）

右前（反）

贴边（正）

7.8

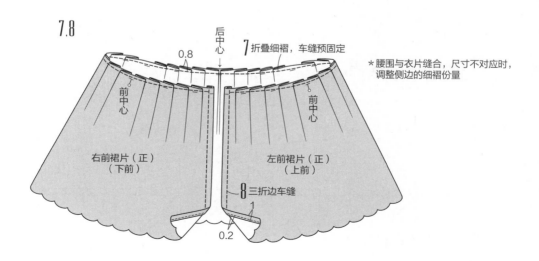

0.8

后中心

7 折叠细褶，车缝预固定

*腰围与衣片缝合，尺寸不对应时，
调整侧边的细褶份量

前中心

前中心

右前裙片（正）
（下前）

左前裙片（正）
（上前）

8 三折边车缝

1

0.2

b・④ 落日连衣裙

实物等大纸型A・B面

【材料】各尺码通用，指定位置除外
布料[段染棉布…宽110cm×4.3m（S・M）、4.5m（L・LL）
黏合衬（领窝贴边、蝴蝶结）…宽90cm×70cm（S・M）、80cm（L・LL）
黏衬嵌条（前领窝）…宽10mm×1.2m
按扣…直径8mm×4组

【制作方法】参照p.65"和风连衣裙"，**7、8、9、13**、☆除外

准备

• 领窝贴边、蝴蝶结的一部分贴黏合衬。
• 衣片的肩部、侧边、领窝贴边端部、袖下、袖口、裙摆锁边车缝。
1. 缝合前后衣片的腰围省道，缝份压向中心侧（参照p.43・1~6）。
2. 缝合衣片的肩部，摊开缝份。
3. 缝合衣片的领窝和贴边，翻到正面。
4. 缝合衣片的侧边，摊开缝份。
5. 制作袖子（喇叭口袖）。
6. 缝接袖子。缝份2片一并锁边车缝，袖窿上半部分压向袖子侧。
7. 折叠前后裙片的细褶，预固定缝份。→参照图示
8. 对折缝合裙摆。→参照图示
9. 三折边缝合裙片的前开襟。→参照图示
10. 缝合衣片和裙片的腰围。缝份全部并锁边车缝，压向衣片侧。
11. 领窝、前开襟、腰围明线车缝。
12. 缝接按扣（参照p.55）。
13. 蝴蝶结的线襻缝接于侧边（☆参照p.55）。→参照图示
14. 制作蝴蝶结。→参照图示

【裁剪示意图】

＊非指定位置的缝份均为1cm
＊ ▨ 贴粘合衬

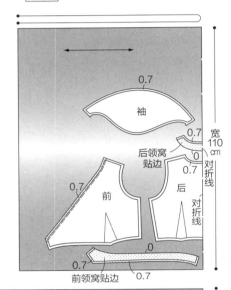

S = 200
M = 203
L = 206
LL = 209

＊蝴蝶结的制作图
参照p.65

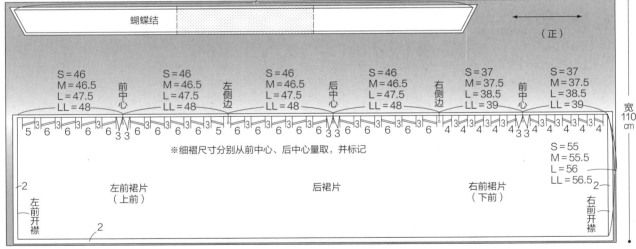

成品尺寸表				单位：cm
	S	M	L	LL
胸围	89	92	95	98
腰围	65	68	71	74
背肩宽	31	32	33	34
背长	33.8	34.2	34.6	35
裙长	55	55.5	56	56.5

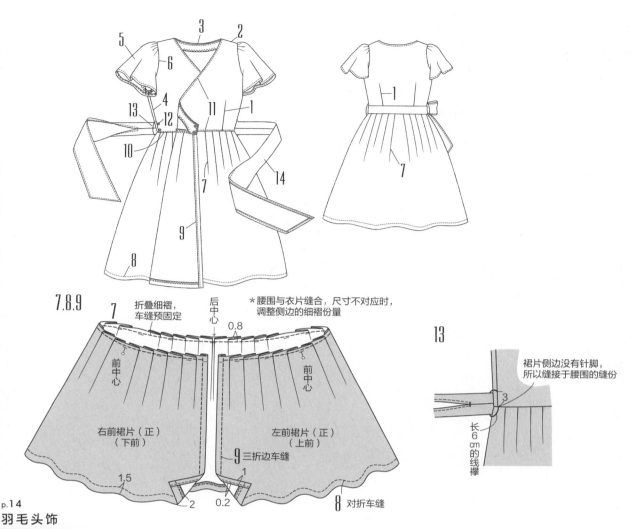

7.8.9

7

折叠细褶，
车缝预固定

后中心

0.8

*腰围与衣片缝合，尺寸不对应时，
调整侧边的细褶份量

13

前中心

右前裙片（正）
（下前）

前中心

左前裙片（正）
（上前）

9 三折边车缝

裙片侧边没有针脚，
所以缝接于腰围的缝份

3

长6cm
的线襻

1.5

1

2

0.2

8 对折车缝

p.14
羽毛头饰

无实物等大纸型

【材料】

羽毛…17片

发卡金具…宽20mm

毡布…4.5cm×7.5cm的椭圆形（2片）

珠子…21mm（粉色、黄色、白色、透明）各1个，18mm（珍珠色、紫色、粉色、黄色）各1个，15mm（珍珠色1个），10mm（透明2个）

鸟装饰物…1个

【制作方法】

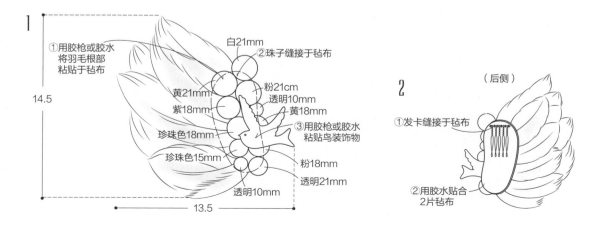

1

①用胶枪或胶水
将羽毛根部
粘贴于毡布

白21mm

②珠子缝接于毡布

粉21cm

透明10mm

黄18mm

黄21mm

紫18mm

③用胶枪或胶水
粘贴鸟装饰物

珍珠色18mm

珍珠色15mm

粉18mm

透明21mm

透明10mm

14.5

13.5

2

（后侧）

①发卡缝接于毡布

②用胶水贴合
2片毡布

p.18

C·① 50年代条纹连衣裙

实物等大纸型B面

【材料】各尺码通用，指定位置除外
布料[棉条纹布]…宽112cm×3.1m（S·M）、3.2m（L·LL）
　　[纯白布]…宽112cm×20cm
黏合衬（表领、衣片前贴边、裙片前贴边、后领窝贴边、腰带）
…宽90cm×80cm（S·M）、90cm（L·LL）
黏衬嵌条（衣片腰围）…宽12mm×1.2m
按扣…直径8mm×2组

【制作方法】

准备

• 表领、各贴边、腰带贴黏合衬。
• 衣片的肩部、侧边、各贴边端部、袖口、裙片后中心、侧边、
　裙摆锁边车缝。

1. 缝合前后衣片的腰围省道，缝份压向中心侧（参照p.43·
　 1～6）。前后衣片的腰围贴黏衬嵌条。→参照图示
2. 缝合衣片的肩部，摊开缝份（参照p.46·23）。
3. 制作领子（参照p.53）。→参照图示
4. 缝接领子（参照p.53）。→参照图示
5. 缝合衣片的侧边，摊开缝份（参照p.47·32）。
6. 制作袖子（郁金香袖）（参照p.51、p.62·图9）。
7. 缝接袖子。缝份2片一并锁边车缝，袖窿上半部分压向衣片
　 侧。→参照图示
8. 缝合裙片的后中心、侧边，摊开缝份。→参照图示
9. 裙片的腰围缩褶。→参照图示
10. 缝合衣片和裙片的腰围。缝份2片一并锁边车缝，压向衣片
　 侧。腰围明线车缝。→参照图示
11. 缝合前贴边的裙摆，翻到正面。熨烫对折裙摆，粗缝。→参照
　 图示
12. 领窝、前开襟、腰围明线车缝。→参照图示
13. 制作扣眼，缝接纽扣（参照p.55）。→参照图示
14. 缝接线襻，侧边穿入腰带（参照p.55）。
15. 制作带蝴蝶结的腰带。→参照图示

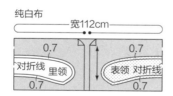

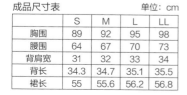
纯白布

成品尺寸表				单位：cm
	S	M	L	LL
胸围	89	92	95	98
腰围	64	67	70	73
背肩宽	31	32	33	34
背长	34.3	34.7	35.1	35.5
裙长	55	55.6	56.2	56.8

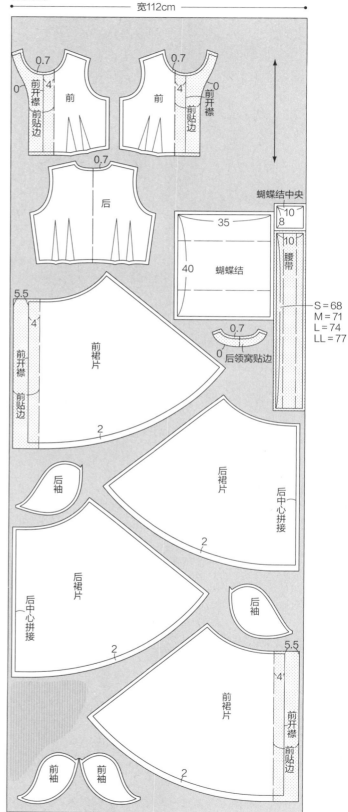

【裁剪示意图】
棉条纹布

＊非指定位置的缝份均为1cm　　＊ ▨ 贴黏合衬

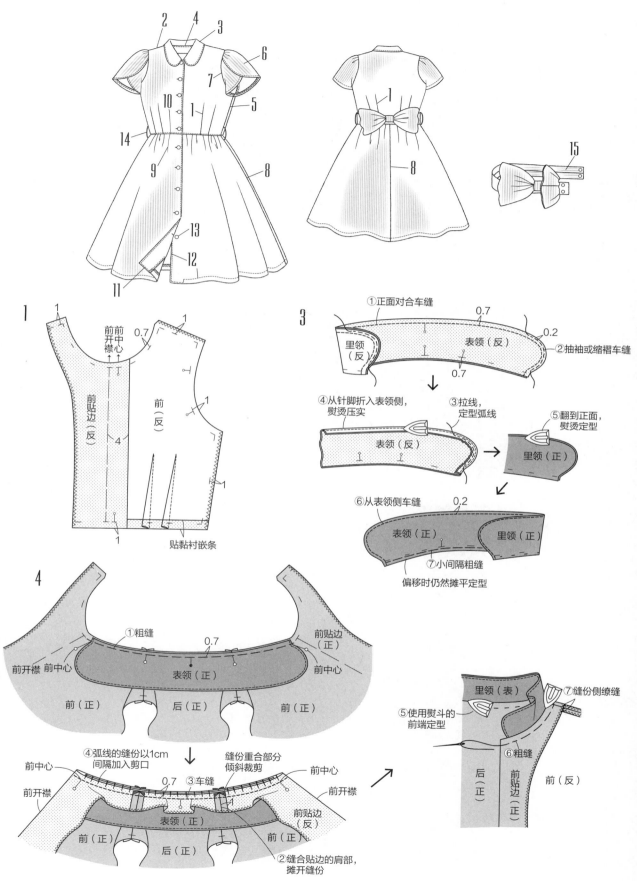

2 4 3

6

7

5

1

10

14

1

9

8

13

12

11

15

1

1

1

0.7

1

前
开
襟
中
心
前
中
心

前贴边（反）

4

前（反）

1

1

1

贴黏衬嵌条

3

①正面对合车缝

0.7

里领（反）

0.7

0.2

表领（反）

②抽袖或缩褶车缝

④从针脚折入表领侧，
熨烫压实

③拉线，
定型弧线

表领（反）

⑤翻到正面，
熨烫定型

里领（正）

⑥从表领侧车缝

0.2

表领（正）

里领（正）

⑦小间隔粗缝

偏移时仍然摊平定型

4

①粗缝

0.7

前开襟 前中心

前贴边
（正）

前中心

表领（正）

前（正）

后（正）

前（正）

④弧线的缝份以1cm
间隔加入剪口

缝份重合部分
倾斜裁剪

前中心

前中心

前开襟

0.7

③车缝

前开襟

表领（正）

前贴边
（反）

前（正）

后（正）

前（正）

②缝合贴边的肩部，
摊开缝份

里领（表）

⑦缝份侧缭缝

⑤使用熨斗的
前端定型

后
（正）

前贴边
（正）

⑥粗缝

前（反）

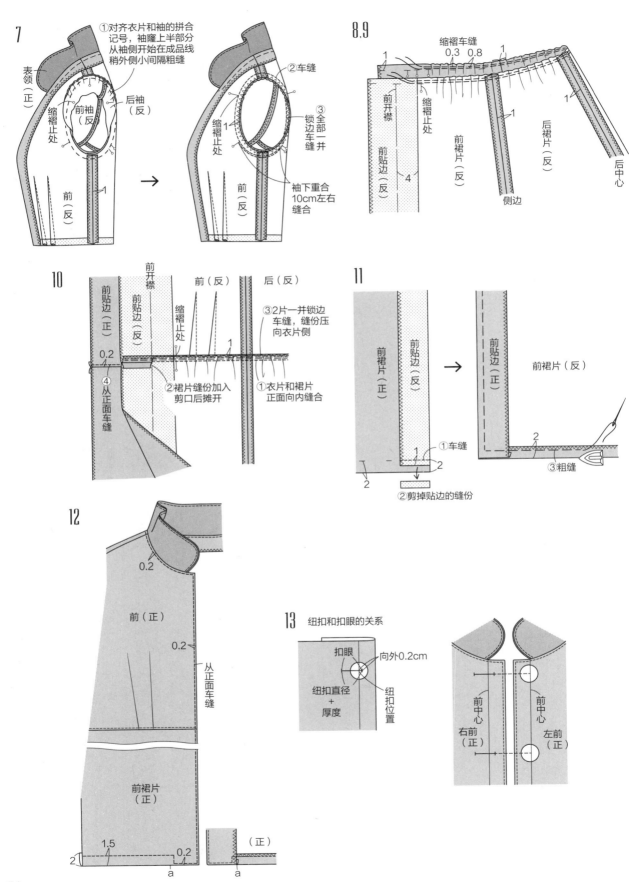

7

①对齐衣片和袖的拼合记号，袖窿上半部分从袖侧开始在成品线稍外侧小间隔粗缝

表领（正）

缩褶止处

后袖（反）

前袖（反）

前（反）

②车缝

③锁边车缝全部一并

袖下重合10cm左右缝合

前（反）

8.9

缩褶车缝 0.3 0.8

1

前开襟

前贴边（反）

缩褶止处

前裙片（反）

后裙片（反）

后中心

侧边

10

前贴边（正）

前开襟

前贴边（反）

缩褶止处

前（反）

后（反）

0.2

④从正面车缝

②裙片缝份加入剪口后摊开

③2片一并锁边车缝，缝份压向衣片侧

①衣片和裙片正面向内缝合

11

前裙片（正）

前贴边（反）

前贴边（正）

前裙片（反）

①车缝

②剪掉贴边的缝份

③粗缝

12

0.2

前（正）

0.2

从正面车缝

前裙片（正）

1.5

0.2

a

（正）

a

13 纽扣和扣眼的关系

扣眼

向外0.2cm

纽扣直径+厚度

纽扣位置

前中心

右前（正）

前中心

左前（正）

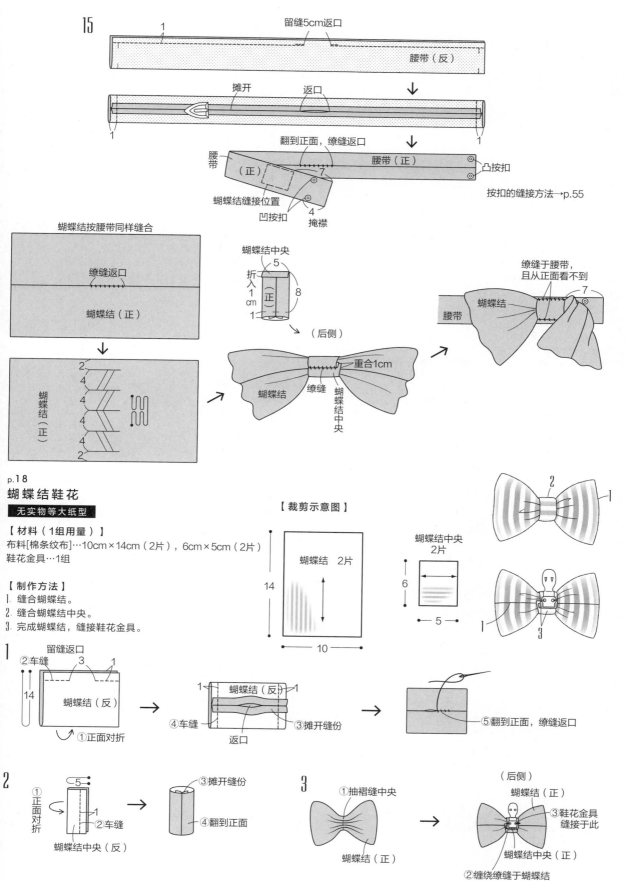

15

留缝5cm返口

腰带（反）

摊开　返口

翻到正面，缭缝返口

腰带　腰带（正）　凸按扣

（正）　7　按扣的缝接方法→p.55

蝴蝶结缝接位置

凹按扣　掩襟

4

蝴蝶结按腰带同样缝合

缭缝返口

蝴蝶结（正）

蝴蝶结中央

折入1cm　5　（正）　8

1

（后侧）

缭缝于腰带，且从正面看不到

蝴蝶结　7

腰带

蝴蝶结（正）

2
4
4
4
2

蝴蝶结（正）　重合1cm

蝴蝶结　缭缝　蝴蝶结中央

p.18
蝴蝶结鞋花
无实物等大纸型

【材料（1组用量）】
布料[棉条纹布]…10cm×14cm（2片），6cm×5cm（2片）
鞋花金具…1组

【制作方法】
1. 缝合蝴蝶结。
2. 缝合蝴蝶结中央。
3. 完成蝴蝶结，缝接鞋花金具。

【裁剪示意图】

蝴蝶结　2片

14

10

蝴蝶结中央
2片

6

5

2

1

3

1

留缝返口

②车缝　3　1

14　蝴蝶结（反）

①正面对折

1　蝴蝶结（反）　1

④车缝　③摊开缝份

返口

⑤翻到正面，缭缝返口

2

5

①正面对折

②车缝

蝴蝶结中央（反）

③摊开缝份

④翻到正面

3

①抽褶缝中央

蝴蝶结（正）

（后侧）

蝴蝶结（正）

③鞋花金具缝接于此

②缠绕缭缝于蝴蝶结

蝴蝶结中央（正）

C·② 碎花印染连衣裙

实物等大纸型B面

【材料】各尺码通用，指定位置除外

布料[棉印染布]…宽110cm×3.4m（S·M）、3.5m（L·LL）

黏合衬（表领、衣片前贴边、裙片前贴边、后领窝贴边、腰带）
…宽90cm×1m（S）、1.1m（M·L）、1.2m（LL）

黏衬嵌条（衣片腰围）…宽12mm×1m

纽扣…直径15mm×10个

带扣…内径20mm×1个

【制作方法】参照p.72 "50年代条纹连衣裙"，**3**、**13**、**14**、**15**、
☆除外

准备

• 表领、各贴边、腰带贴黏合衬。
• 衣片的肩部、侧边、各贴边端部、袖口、裙片后中心、侧边、
裙摆锁车缝。

1. 缝合前后衣片的腰围省道，缝份压向中心侧（☆参照p.43·
   1~6）。前后衣片的腰围贴黏衬嵌条。
2. 缝合衣片的肩部，摊开缝份。
3. 制作领子。→参照图示
4. 缝接领子（参照p.53）。
5. 缝合衣片的侧边，摊开缝份。
6. 制作袖子（郁金香袖）（☆参照p.51、p.62·图9）。
7. 缝接袖子。缝份2片一并锁边车缝，袖窿上半部压向衣片侧。
8. 缝合裙片的后中心、侧边，摊开缝份。
9. 裙片的腰围缩褶。
10. 缝合衣片和裙片的腰围。缝份2片一并锁边车缝，压向衣片
    侧。腰围明线车缝。
11. 缝合前贴边的裙摆，翻到正面。熨烫对折裙摆，粗缝。
12. 领窝、前开襟、腰围明线车缝。
13. 制作扣眼，缝接纽扣（参照p.55）。→参照图示
14. 缝接线襻，侧边穿入腰带（参照p.55）。→参照图示
15. 制作腰带。→参照图示

【裁剪示意图】

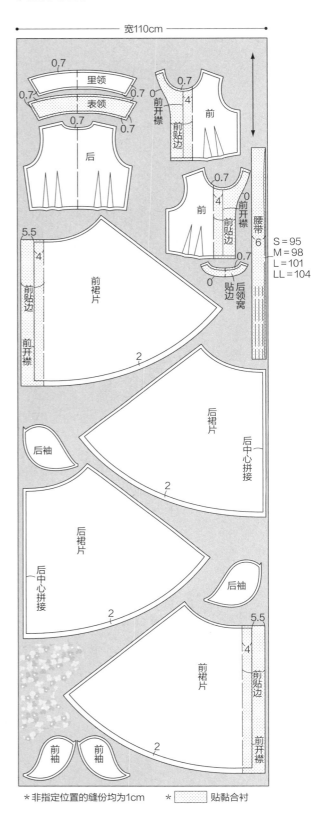

S = 95
M = 98
L = 101
LL = 104

*非指定位置的缝份均为1cm　*▨ 贴黏合衬

成品尺寸表　　　　　单位：cm

	S	M	L	LL
胸围	89	92	95	98
腰围	64	67	70	73
背肩宽	31	32	33	34
背长	34.3	34.7	35.1	35.5
裙长	65	65.6	66.2	66.8

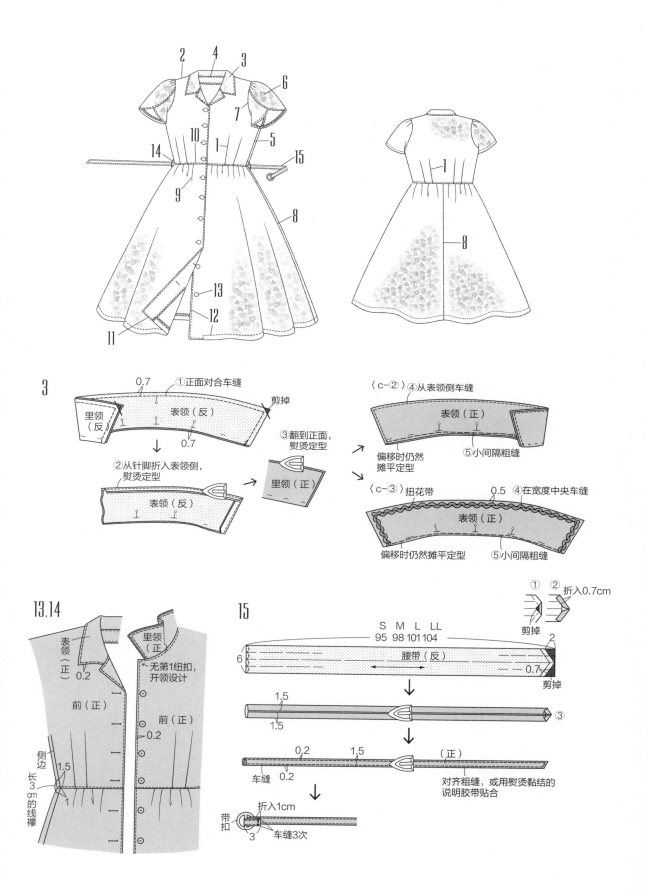

3

0.7 　①正面对合车缝

里领（反）

表领（反）

剪掉

0.7

↓

②从针脚折入表领侧，熨烫定型

表领（反）

③翻到正面，熨烫定型

里领（正）

〈c-②〉 ④从表领侧车缝

表领（正）

偏移时仍然摊平定型　⑤小间隔粗缝

〈c-③〉扭花带　　0.5　④在宽度中央车缝

表领（正）

偏移时仍然摊平定型　⑤小间隔粗缝

13.14

表领（正）

0.2

里领（正）

无第1纽扣，开领设计

前（正）

前（正）

0.2

侧边

长3cm的线襻

1.5

1

15

① ② 折入0.7cm

剪掉

S M L LL
95 98 101 104

6

腰带（反）

2

0.7

剪掉

1.5
1.5

③

0.2 　1.5

车缝　0.2

（正）

对齐粗缝，或用熨烫黏结的说明胶带贴合

折入1cm

带扣

3 车缝3次

C·④ 格纹连衣裙

实物等大纸型B面

【材料】各尺码通用，指定位置除外
布料[棉格纹布（大）]…宽110cm×1m
　　　[棉格纹布（中）]…宽110cm×2.3m（S·M）、2.4m（L·LL）
　　　[棉格纹布（小）]…宽110cm×80cm（S·M）、90cm（L·LL）
黏合衬（表领、衣片前贴边、裙片前贴边、后领窝贴边、腰带）…
宽90cm×80cm（S·M）、90cm（L·LL）
黏衬嵌条（衣片腰围）…宽12mm×1m
纽扣…直径15mm×10个
按扣…直径8mm×2组

【制作方法】参照p.72"50年代条纹连衣裙"，1、☆除外。
准备
• 表领、各贴边、腰带贴黏合衬。
• 衣片的肩部、侧边、各贴边端部、袖口、裙片后中心、侧边、
　裙摆锁边车缝。
1. 前衣片缝合荷叶边。→参照图示
2. 缝合前后衣片的腰围省道，缝份压向中心侧（☆参照p.43·
　1～6）。前后衣片的腰围贴黏衬嵌条。
3. 缝合衣片的肩部，摊开缝份。
4. 制作领子（参照p.53）。
5. 缝接领子（参照p.53）。
6. 缝合衣片的侧边，摊开缝份。
7. 制作袖子（郁金香袖）（☆参照p.51、p.62·图9）。
8. 缝接袖子。缝份2片一并锁边车缝，袖窿上半部分压向衣片侧
　（参照p.74·图7）。
9. 缝合裙片的后中心、侧边，摊开缝份。
10. 裙片的腰围缩褶。
11. 缝合衣片和裙片的腰围。缝份2片一并锁边车缝，压向衣片侧。
　　腰围明线车缝。
12. 缝合前贴边的裙摆，翻到正面。
13. 熨烫对折裙摆，粗缝。领窝、前开襟、腰围明线车缝。
14. 制作扣眼，缝接纽扣（参照p.55）。
15. 缝接线襻，侧边穿入腰带（☆参照p.65·图14）。
16. 制作带蝴蝶结的腰带。

成品尺寸表				单位：cm
	S	M	L	LL
胸围	89	92	95	98
腰围	64	67	70	73
背肩宽	31	32	33	34
背长	34.3	34.7	35.1	35.5
裙长	55	55.6	56.2	56.8

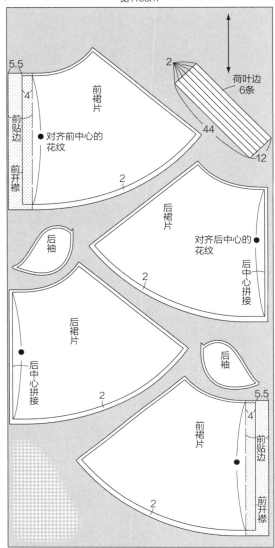

【裁剪示意图】

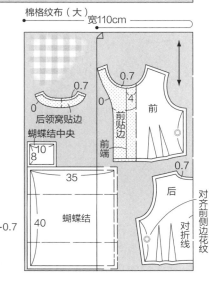

*非指定位置的缝份均为1cm
* 贴黏合衬

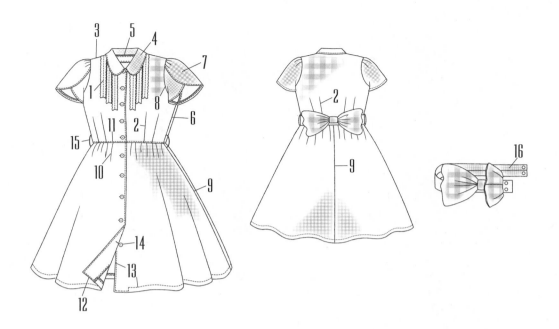

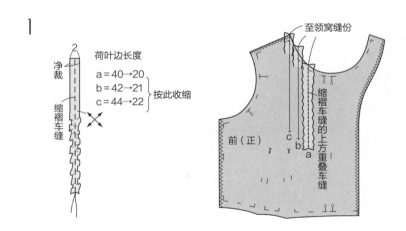

1

荷叶边长度

a＝40→20
b＝42→21   按此收缩
c＝44→22

2

净裁

缩褶车缝

至领窝缝份

缩褶车缝的上方重叠车缝

缩褶车缝

前（正）

c
b
a

C·③ 牛仔连衣裙

实物等大纸型A·B面

【材料】各尺码通用

布料[深蓝牛仔布]…宽115cm×2.6m（S·M）、2.7m（L·LL）

黏合衬（表领、衣片前贴边、裙片前贴边、后领窝贴边、袖头）…宽90cm×60cm（S·M）、70cm（L·LL）

黏衬嵌条（衣片腰围）…宽12mm×1m

纽扣…直径20mm×9个

扭花带（领、袖头）…宽10mm×1.4m（S·M）、1.6m（L·LL）

【制作方法】参照p.72"50年代条纹连衣裙"，6、☆除外

准备

• 表领、各贴边、袖头贴黏合衬。

• 衣片的肩部、侧边、各贴边端部、裙片后中心、侧边、裙摆锁边车缝。

1. 缝合前后衣片的腰围省道。缝份压向中心侧（☆参照p.43·1~6）。前后衣片的腰围贴黏衬嵌条。

2. 缝合衣片的肩部。摊开缝份。

3. 制作领子（☆参照p.77·图3）。

4. 缝接领子（参照p.53）。

5. 缝合衣片的侧边。摊开缝份。

6. 制作袖子（带袖头的袖子）（☆参照p.50、p.61·图10）。→参照图示

7. 缝接袖子。缝份2片一并锁边车缝，袖窿上半部分压向袖侧（☆参照p.48·39~41）。

8. 缝合裙片的后中心、侧边。摊开缝份。

9. 裙片的腰围缩褶。

10. 缝合衣片和裙片的腰围。缝份2片一并锁边车缝，压向衣片侧。腰围明线车缝。

11. 缝合前贴边的裙摆，翻到正面。熨烫对折裙摆，粗缝。

12. 领窝、前开襟、腰围明线车缝。

13. 制作扣眼，缝接纽扣（参照p.55）。

【裁剪示意图】

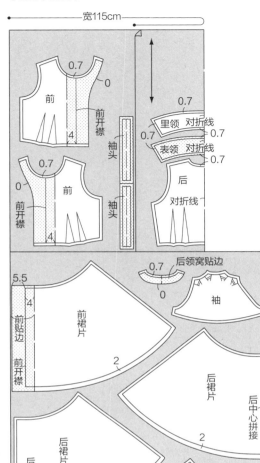

＊非指定位置的缝份均为1cm　＊▨＝贴黏合衬

成品尺寸表　单位：cm

	S	M	L	LL
胸围	89	92	95	98
腰围	64	67	70	73
背肩宽	31	32	33	34
背长	34.3	34.7	35.1	35.5
裙长	46	46.6	47.2	47.8

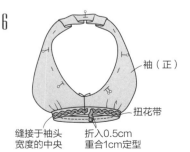

6

袖（正）

扭花带

缝接于袖头宽度的中央　折入0.5cm重合1cm定型

带棉花珍珠的晚装包

无实物等大纸型

【材料】

布料[深蓝色山东丝绸布]…宽110cm×90cm
粘合夹心衬（表袋布）…宽90cm×45cm
中厚黏合衬（里袋布、磁扣位置加固）…宽90cm×45cm
磁扣…直径18mm×2组
棉花珍珠…直径25mm的双孔型×1个

【制作方法】

1. 表袋布贴黏合夹心衬，里袋布贴中厚黏合衬，固定磁扣。
2. 缝合表袋布和里袋布的侧边和底部。
3. 反面对合表袋和里袋，缭缝袋口。
4. 棉花珍珠缝接于袋口侧。

【制作图】

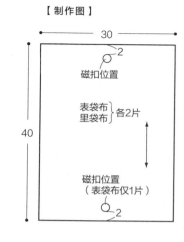

【裁剪示意图】

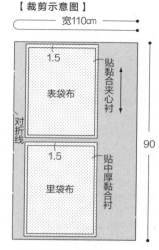

＊非指定位置的缝份均为1cm

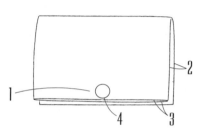

磁扣的缝接方法

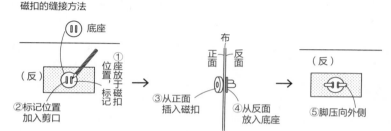

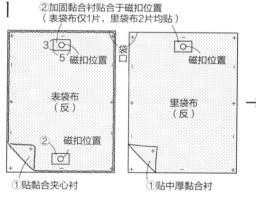

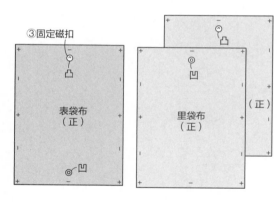

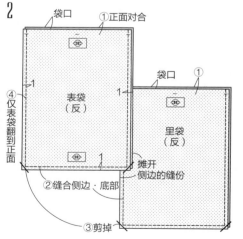

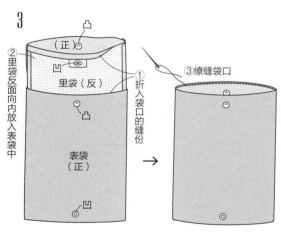

p.6,22
蝴蝶结晚装包
| 无实物等大纸型 |

【材料】
布料（p.6）[印染格纹布]…宽112cm×90cm
　　　（p.22）[深蓝色牛仔布]…宽115cm×90cm
厚黏合衬（表袋布）…宽90cm×45cm
中厚黏合衬（里袋布、磁扣位置加固）…宽90cm×45cm
磁扣…直径18mm×2组
（仅p.22）扭花带…宽10mm×32cm

【制作方法】参照p.81"带棉花珍珠的晚装包"，2、3除外。
1. 表袋布贴厚黏合衬，里袋布贴中厚黏合衬，固定磁扣。
2. 缝接蝴蝶结。
3. 蝴蝶结预固定于表袋布。p.22在预固定蝴蝶结之前，缝接扭花带。
4. 缝合表袋布和里袋布的侧边和底部。
5. 表袋和里袋反面对合，缲缝袋口。

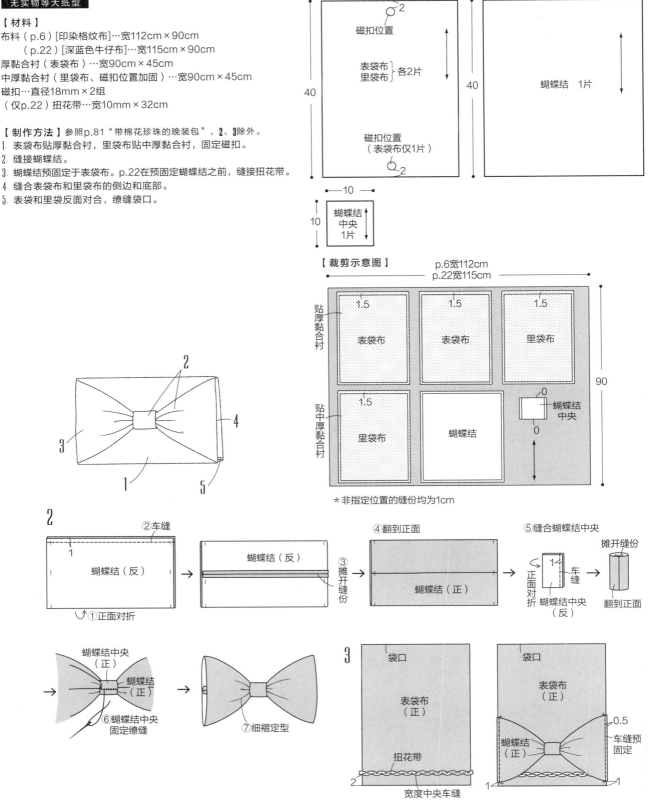

【制作图】

【裁剪示意图】
p.6宽112cm
p.22宽115cm

＊非指定位置的缝份均为1cm

＊扭花带（仅p.22）、蝴蝶结缲缝于布带磁扣的表袋布底侧

荷叶边晚装包

无实物等大纸型

【材料】

布料[水蓝色亚麻布]…宽120cm×70cm
厚黏合衬（表袋布）…宽90cm×30cm
中厚黏合衬（里袋布、磁扣位置加固）…宽90cm×30cm
磁扣…直径18mm×2组
环（拎手用）…直径13mm×1个

【制作方法】其余的参照p.81的制作方法

1. 表袋布贴厚黏合衬，里袋布贴中厚黏合衬，固定磁扣。
2. 缝合布襻，穿入环，预固定于表布。缝合表袋布和里袋布的侧边和底部。
3. 缝合荷叶边。
4. 荷叶边缝接于表袋。
5. 表袋和里袋正面对合，缝合袋口，翻到正面。

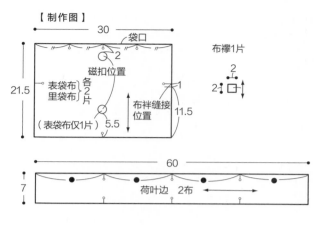

【制作图】

布襻1片

【裁剪示意图】

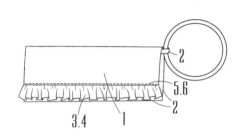

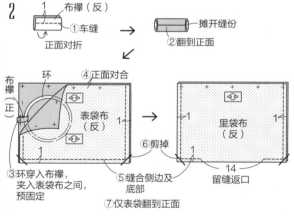

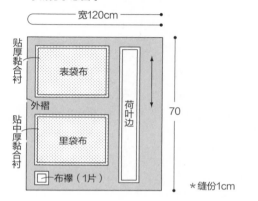

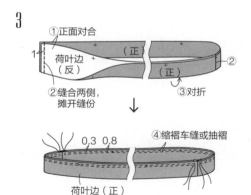

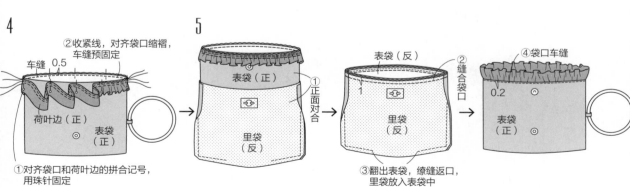

蝴蝶结发带

无实物等大纸型

【材料】

布料（p.4）[蓝色山东丝绸布]…宽112cm
　　10cm×50cm（4片），8.5cm×28cm（1片）
　　（p.18）（棉条纹布）…宽120cm
　　10cm×50cm（4片），8.5cm×28cm（1片）
松紧带…宽20mm×15cm×1根

【制作方法】

1. 制作蝴蝶结。
2. 缝合松紧带穿口布。
3. 松紧带穿口布缝接于蝴蝶结。

【裁剪示意图】

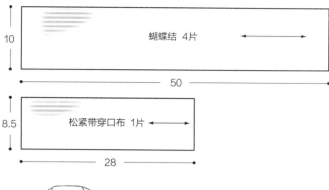

10

蝴蝶结 4片

50

8.5

松紧带穿口布 1片

28

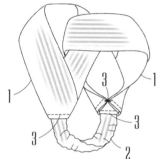

1

3

3

3

1

2

1

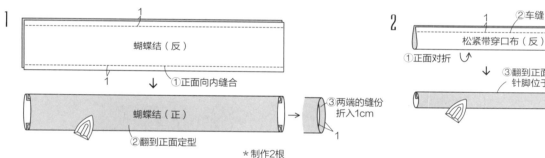

1

蝴蝶结（反）

1

①正面向内缝合

蝴蝶结（正）

②翻到正面定型

③两端的缝份
折入1cm

1

＊制作2根

2

1

②车缝

松紧带穿口布（反）

①正面对折

③翻到正面定型，
针脚位于端部

3

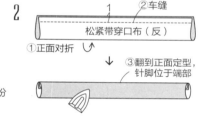

0.2

松紧带穿口布（正）

蝴蝶结（正）

0.3

松紧带

①松紧带穿入松紧带穿口布，
放入蝴蝶结中，车缝预固定

0.5

松紧带穿口布（正）

蝴蝶结（正）

②对齐蝴蝶结的
各端部缝合

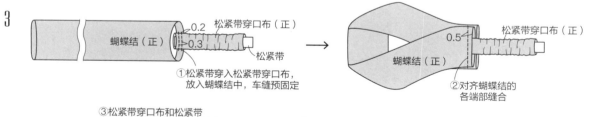

③松紧带穿口布和松紧带
送入蝴蝶结中，车缝预固定。
试穿，尺码不合适则调整

0.2

蝴蝶结（正）

0.3

蝴蝶结（正）

松紧带穿口布
（正）

④对齐蝴蝶结的
各端部缝合

0.5

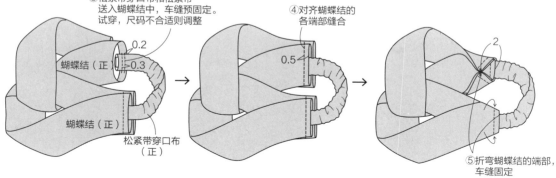

2

⑤折弯蝴蝶结的端部，
车缝固定

p.4

花形鞋花

无实物等大纸型

【材料（1组用量）】
布料[蓝色山东丝绸布]…宽18cm×10cm×2片
鞋花金具…1组

【制作方法】
1. 制作花朵。
2. 缝接鞋花金具。

【裁剪示意图】

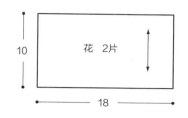

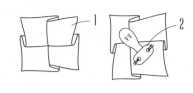

花 2片

10

18

1

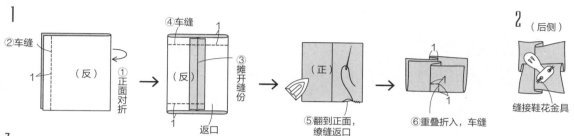

②车缝
④车缝
①正面对折
③摊开缝份
（反）
返口
⑤翻到正面，缭缝返口
⑥重叠折入，车缝

2 （后侧）
缝接鞋花金具

p.7

花结

无实物等大纸型

【材料（1个用量）】 左为a，右为b
（通用）
布料[印染格纹布]…直径7cm×1片
包扣·别针组合…1组
毡布…直径4cm×1片
（a）
布料[印染格纹布]…斜裁布带（穗带）16cm×2根
丝带[红色]…宽30mm×100cm（百褶A）
丝带[蓝色]…宽30mm×90cm（百褶B），（穗带）16cm
（b）
布料[印染格纹布]…斜裁布带（百褶A）90cm
丝带[绿色]…宽30mm×90cm（百褶B），（穗）16cm×2根

【制作方法】
1. 制作包扣（参照p.59）。
2. 百褶缝接于包扣。
3. 缝接穗带，缝接别针。

【裁剪示意图】

布
1片

7

3

斜裁布带

a用于穗带（16cm×2根），b用于百褶A（90cm）

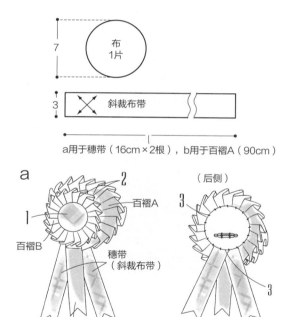

a

1

2

百褶A
百褶B

穗带（斜裁布带）

穗带（丝带·蓝色）

（后侧）
3

3

＊b制作2根穗带

2

①缝接百褶A·B，折叠成圆形

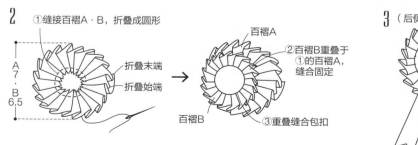

A
7
·
B
6.5

折叠末端
折叠始端

百褶A

②百褶B重叠于①的百褶A，缝合固定

百褶B

③重叠缝合包扣

3 （后侧）

③缝接毡布

百褶A

②别针缝接于毡布

①缝接于穗带
a 3根 b 2根

85